● 襄阳市农业科学院　组织编写

芝麻
生产实用技术

◎ 黄大明　主编

U0349410

中国农业科学技术出版社

图书在版编目（CIP）数据

芝麻生产实用技术 / 黄大明主编 . —北京：中国农业科学技术
出版社，2018.9

　ISBN 978-7-5116-3883-0

　Ⅰ . ①芝… Ⅱ . ①黄… Ⅲ . ①芝麻—栽培技术 Ⅳ . ① S565.3

中国版本图书馆 CIP 数据核字（2018）第 210703 号

责任编辑　李　雪　徐定娜
责任校对　贾海霞

出 版 者　中国农业科学技术出版社
　　　　　北京市中关村南大街 12 号　邮编：100081
电　　话　（010）82109707（编辑室）　（010）82109702（发行部）
　　　　　（010）82109709（读者服务部）
传　　真　（010）82109707
网　　址　http://www.castp.cn
发　　行　各地新华书店
印 刷 者　北京建宏印刷有限公司
开　　本　710 mm×1 000 mm　1 /16
印　　张　7.5
字　　数　119 千字
版　　次　2018 年 9 月第 1 版　2018 年 9 月第 1 次印刷
定　　价　48.00 元

《芝麻生产实用技术》
编写人员

主　编　　黄大明

副主编　　刘克钊　　蒋相国　　王贵春

编　辑　　唐雪辉　　陈捍军

目 录
CONTENTS

第一章

芝麻栽培历史与分布

一、芝麻的起源与类型

1. 芝麻起源与传播

芝麻（学名：*Sesamum indicum*），又名脂麻、油麻，古称胡麻、巨胜，胡麻科胡麻属中栽培种，一年生直立草本植物，是世界上最古老的油料作物之一，遍布世界上的热带地区以及部分温带地区。芝麻种植历史悠久，分布广泛，起源地点众说纷纭，传播途径莫衷一是。根据现有考古学和文字资料，目前很难准确探明芝麻的起源和在不同国家的种植历史。如果从野生种芝麻的植物来源看，世界虽然公认芝麻近亲在非洲出现，但品种的自然起源仍然是未知的，有许多来自埃及、伊朗和印度考古学的、史前时期的以及文学的资料表明，芝麻起源仍趋向非洲。近百年来，很多科学家对芝麻的起源和演化问题进行了研究，提出了许多不同的看法。

第一种看法是，芝麻起源于非洲热带地区，这也是多数研究者的看法。在非洲的大片地区都发现了芝麻属野生植物，在芝麻属的 37 个种中，有 28 个是在非洲发现的，野生种自然产地的环境差异很大，在非洲高度干旱和半干旱低洼地带都发现有芝麻野生材料的自然生存与繁殖，部分野生芝麻高大似树木，而且芝麻均喜高温和怕潮湿，这些特性适于非洲气候特点，同时芝麻在非洲许多国家和地区广泛种植，在国民经济中具有重要地位。但近半个世纪以来，一些学者认为芝麻存在多个起源中心，非洲热带是芝麻的第一起源中心，印度是芝麻的第二起源中心。把印度也作为芝麻的起源中心是因为印度自古就有芝麻，也有芝麻的野生种，芝麻属中发现仅有的一个栽培种就是印度种，而且栽培种的变异类型十分丰富。除印度外，芝麻还起源于埃塞俄比亚（包括索马里和厄立特里亚）及中亚细亚等地。

第二种看法是，芝麻起源于巽它群岛。因为那里有芝麻的野生种。史前由僧侣把芝麻从那里引入印度，考古工作曾在印度河谷哈拉巴地区古墓中发现了公元前1000多年的芝麻种子。Watt（1893）认为，很可能在中东幼发拉底河流域和Bokhara、阿富汗南部和印度次大陆首先种植，之后很可能带入印度本土和Archipelago西印度群岛，再传播到埃及和欧洲。

第三种看法是，爪哇也是芝麻的起源地，因那里也发现一种红色的野生芝麻。但有人认为，芝麻这种作物如果个体独自生长，植株容易逐渐变成野生状态。在印度、埃及和西印度群岛等地都发现这种现象，因此不能做肯定的结论。

第四种看法是，芝麻原产在埃及。在4000多年前的拉米色三世古墓内，有一幅麦饼上有芝麻籽粒的壁画，埃及也发现了野生芝麻。但有人提出异议，麦饼上的籽粒不能确定是芝麻还是其他植物种子，而且在古埃及语言中从未发现芝麻这个词。

我国芝麻栽培历史悠久，分布十分广泛。芝麻在我国的栽培起源，过去一般认为是，公元前2世纪（前汉武帝时），由张骞出使西域从大宛（现今的中亚细亚）引进来的。这种说法，始自21世纪（北宋）沈括著的《梦溪笔谈》："张骞自大苑（宛）得油麻之种，亦谓之麻，故以胡麻别之"。但这一说法，在我国其他史籍资料里并没有确切的论证。即使在《前汉书·张骞传》里也没有张骞引进芝麻的记述。芝麻在我国的栽培起源，一直是一种传说。1956—1959年，浙江省文物管理委员会在太湖流域的吴兴钱山漾和杭州水田畈这两处遗址的出土文物中都发现有炭化芝麻种籽。据考证这些芝麻的年代，相当于公元前770年至480年（春秋），比张骞通西域早200~500多年。可见，我国栽培芝麻的历史，至少已有2000多年了。历代芝麻有许多象形的名称：如方茎、巨胜、虱、脂麻、油麻等。通常沿用"胡麻"，宋代才有"芝麻"的名称。最先在黄河流域种植，后遍及全国，并逐渐传播到朝鲜、日本、东南亚等亚洲邻国。

从文字资料里，我国最早关于芝麻的记载是战国及秦汉医药学家们撰写的《神农本草经》："胡麻又名巨胜，生上党川泽，秋采之。青，巨胜苗也。生中原川谷"。公元前一世纪后期（前汉）的《氾胜之书》，书中称之为"胡麻"。北宋苏颂《图经本草》记述了芝麻的植物学特征："茎四方，高五、六尺，……开白花，形如牵牛花状而小，亦有紫色，节节生角……子扁而细小"。最早绘出芝麻植株图形的是公元1406年朱肃著《救荒本草》一书。

今日所用的"芝麻"，始见于 12 世纪初（北宋）的《物类相感志》。就其分布来看，从公元前 8 世纪到公元前 1 世纪的六、七百年间，自东南太湖流域到西北关中平原，都见诸有芝麻栽培。古农书对芝麻栽培管理也有较详细的描述。据《氾胜之书》和 6 世纪（后魏）的《齐民要术》记载，芝麻已有大田栽培。书中记有："胡麻相去一尺、区种、天旱常灌之"；"漫种者、先以耧耩、然后散子空曳劳"。明、清以来，南至湖广，西至新、藏，都有了芝麻栽培。元代戴表元的《胡麻赋》曰："六月亢旱，百稼槁乾，有物沃然，秀于中田，是为胡麻，外白中元"。指出芝麻抗旱性较强。《明史·郁新传》中记载："又言湖广屯田，所产不一，……豆、麦、芝麻与米等，著为令。"《西藏记》中说："其地和暖，产米、青稞……芝麻等物。"《听园西疆杂述诗》中记叙"吐鲁番，土宜豆、麦糜、谷、苎麻、瓜果、葡萄。而芝麻为大宗。"王祯《农书》说："开荒地，当年多种芝麻，有收至盈溢仓箱速富者。"因为新开荒地病害少、地力肥、产量高，适于种芝麻。芝麻亦可作绿肥，其肥效仅次于豆类。古农书还指出，芝麻忌连作，密度要适宜及早锄多锄，芝麻可与玉米、高粱、白薯、棉花、豆类间混作。这说明我国古代劳动人民对种植芝麻有丰富的经验。与此同时，内地形成了如河南、湖北"胡麻茎山积于庭"的集中产区。可见，芝麻在我国已有悠久的栽培历史，积累有丰富的经验。

公元 6 世纪我国后魏时期的一部重要农业科学典籍《齐民要术》，将黄河中、下游地区的芝麻栽培技术，最早作了较为系统的总结。其中如春芝麻的播种期（农历）"二、三月为上时，四月上旬为中时，五月上旬为下时，种欲截雨脚。"播种方法有撒播和条播，"耧耩者炒沙令燥，中和半之。"等。有关芝麻的特征特性方面，公元 16 世纪（明）的《本草纲目》中记载有："胡麻即麻也，……节节结角，长者寸许，有四棱六棱者，房小而子少；七棱八棱者，房大而子多。皆随土地肥沃而然。"又说："有一茎独上者，角缠而子少；有一枝四散者，角繁而子多。皆因苗子稀稠而然也。"既阐述了芝麻的一些主要性状，又指出了这些性状是与栽培有密切关系的。这对现今的芝麻育种和栽培都有实际意义。

在中耕除草方面，不仅强调了及时中耕除草、间苗是芝麻增产的技术关键，而且总结提出一套具体的技术内容和质量要求。如唐时的《经历撮要》中说："凡种诸豆与油麻、大麻等，若不及时去草，必为草所蠹耗，虽结实亦不多。"南宋时期的《陈敷农书》总结长江下游种芝麻的经验是："油麻有早、晚二等。三月种早麻，才甲折，即耘钼（锄），令苗稀疏；一月凡三耘钼，则茂盛。"说明芝麻务须早锄、早间苗。早锄的时期，当芝麻真叶刚绽开时即应开始，随后还需再锄。及至清朝的《三农纪》，更对芝麻中耕锄草经验作了进一步总结，提出"苗生二、三寸，助一遍，匀其苗，每科宜离尺余，并者去之；苗高四、五寸，密助芸根；七、八寸，再加耘助，总以多耨为佳。"正因为我国历代农民积累的经验丰富，所以至今各地都有许多像"芝麻花，头三抓""露头扒，紧三遍"等农谚，指导着芝麻的中耕除草技术。

我国古代种植芝麻主要为食用。公元前 1 世纪《急就篇》把芝麻和稻、黍、秫、稷、粟并列。唐代著名诗人王维有"香饭进胡麻"之名，陶宏景的《名医别录》也说"胡麻，余谷之中，惟此为良"。明代宋应星《天工开物》记载："胡菽二者，功用已全入蔬饵膏馔之中"，就是说芝麻和大豆已作为副食品了。芝麻的药用价值早在公元 3 世纪的《吴普本草》中就讲到神农和黄帝用芝麻治病的故事。以后历代本草中都记述芝麻有润肠、和血、补肝肾、乌须发之功效。至今，芝麻（特别是黑芝麻）仍是中药中的滋补品。

芝麻籽榨油是在晋代才广泛被采用。《晋书·王传》记载王用芝麻油点火助战的故事：太康元年六日，王引兵战争于水上，遇铁链所阻，不能前进。随令水兵作筏，以十余丈火炬，灌以麻油作前导，遇链点火，铁链自熔，战争筏势如破竹，最后取得胜利。可见当时芝麻的种植规模是相当可观。王祯《农书》记载造油方法：如欲造油，先把芝麻炒熟，用碓或辗碾烂，蒸后贮于槽内，用碓或椎击之，则油从槽流出。此法可榨出种子所含油分的 90% 以上，可见那时已有了较先进的榨油技术了。

我国芝麻栽培的历史经验，尽管有一定的阶级局限性和时代局限性，但它是以广大劳动人民丰富的实践经验为基础的，是我们伟大祖国宝贵农业遗产的一部分，不仅反映了我们民族有悠久的文化，而且现在仍有其科学价值。

2.芝麻栽培与分布

芝麻是喜温植物，广泛分布于 45°N~45°S 的 50 多个国家，世界芝麻主要种植在亚洲、非洲等发展中国家，其种植面积占世界总面积的 90% 以上。其中亚洲芝麻植面积占世界总面积的 67%，非洲约占 27%，此外，美洲约占 5%，欧洲占不到 1%。芝麻分布主要集中在两类地区：一是南亚和非洲的半干旱地区，另一是东亚的温带半湿润季风带。从主产国家来看，中国、印度、缅甸、巴基斯坦；埃塞俄比亚、苏丹、尼日利亚、布基纳法索以及东非的坦桑尼亚、莫桑比克、乌干达，中南美的墨西哥、危地马拉、巴拉圭、玻利维亚为主要芝麻生产国。印度、中国、苏丹、缅甸是世界四大传统芝麻主产国，产量约占全球的65%，其中中国芝麻单产水平处于较高地位，因而总产量所占比重大。最近几年，非洲的埃塞俄比亚芝麻产量已经超越中国、缅甸，成为全球芝麻生产重要的新兴国家之一。西非国家中尼日利亚、尼日尔、布基纳法索、多哥、马里、塞内加尔，东非国家中坦桑尼亚、莫桑比克以及乌干达芝麻生产也发展迅速。

我国全国范围内几乎都有芝麻栽培，但主要集中在气候较温暖、雨量充沛的黄河以南、淮河以北的黄淮平原和长江流域。以近 10 年来种植面积最大的 2000 年为例，全国芝麻种植面积 78.43 万公顷，总产 81.1 万吨，单产 1 033.95 千克 / 公顷。河南、湖北、安徽、江西、陕西、河北、山西、江苏、辽宁等省为芝麻主产省，其中河南、安徽、湖北三省芝麻面积占全国总面积 71.05%。近年来，随着种植结构的调整，全国芝麻生产规模下滑至 60 万公顷以下，至今仍无恢复性增长（表 1-1）。

表 1-1　中国芝麻生产及种植分布（2000 年）

种植区域	播种面积（万亩）	单产（千克/亩）	总产（万吨）	占全国%
全国	1 176.42	68.93	81.1	
河南	382.35	57.53	22.0	32.5
安徽	237.75	69.93	16.6	20.2
湖北	215.70	99.87	21.5	18.3
江西	73.50	45.47	3.3	6.2
陕西	49.20	67.40	3.3	4.2
河北	38.85	52.27	2.0	3.3
山西	30.08	63.47	1.9	2.6
江苏	27.30	99.80	2.7	2.3
辽宁	20.85	39.80	0.8	1.8

注：1 亩约等于 667 平方米，1 公顷 = 15 亩。全书同

芝麻是湖北省仅次于油菜、花生的主要油料作物，2000 年种植面积 215.70 万亩，仅次于河南、安徽，占全国芝麻总面积的 18.3%，平均单产 99.87 千克，总产 21.5 万吨，单产居全国首位，总产列第二位。

湖北省芝麻有两大集中产区：一是鄂北岗地和江汉平原产区；二是鄂东和长

江以北丘陵分散地区。其中襄州、枣阳、老河口、宜城、洪湖、嘉鱼、天门、钟祥、阳新、鄂州、英山等县市种植面积较大。

湖北省光热条件丰富，十分有利于芝麻正常生长发育，属全国芝麻主产区和优势产区，今后只要合理调整产业布局，稳定面积，推广良种，改进栽培技术，精种精管，就能充分挖掘芝麻增产潜力，提高单产，湖北芝麻生产将会在现有基础上进一步改善。

二、芝麻在国民经济中的地位和作用

芝麻是世界重要的油料作物和经济作物，特别是在广大的发展中国家，是重要的食用蛋白和食用植物油源。作为特色优质农产品和出口创汇型农作物，芝麻在我国也是主要油料作物品种之一，在保障我国居民食用油需求、改善膳食结构、提高农民收入、增加农业效益、调整种植业结构、应对农业供给侧改革、发展生态农业和循环经济中具有重要的现实意义。

1. 主要的经济作物、食用作物和油料作物

芝麻是一种经济效益较高的大田特色作物。在相同的生产条件下，种植芝麻与其他作物相比，生育期短、适应性强、投资小、用工省、比较效益高。河南芝麻研究中心王永宏等芝麻比较效益和成本优势分析表明，芝麻一般投入约3 534元/公顷（含人工2 366元），产量1 500千克/公顷，价格按12.80元/千克计算，产值19 200元/公顷，纯收入15 666元/公顷，投入产出比最高达到1.8以上，芝麻单位面积收益显著高于稻、棉、油菜等大宗农作物。种植芝麻不仅投入低、效益高，而且芝麻抗旱耐瘠、适应性强。在条件差的丘陵旱薄地，种植玉米等同季作物产量很低，而种植芝麻则能取得较好的收益。近年来，随着芝麻生产科技的进步，生产水平的提高、市场的旺盛需求和价格的持续攀升，种植芝麻的经济效益大幅度提高，成为主产区农民致富的一条重要途径。

芝麻种子中蛋白质含量为17%~24%。芝麻蛋白质可消化率高，营养丰富，易被人体吸收利用。人体对蛋白质的需要不仅取决于蛋白质的含量，而且还取决于蛋白质中所含必需氨基酸的种类及比例。芝麻蛋白质中含有人体必须而自身又不能合成的8种氨基酸，大部分氨基酸含量均达到或超过联合国粮农组织（FAO）所制定的蛋白质氨基酸含量标准，其营养价值可与鸡蛋、肉相媲美。用芝麻和麻油制作的糕点、麻酱、糖果、罐头等副食品，在国内外市场上深受欢

迎。另外，芝麻含有丰富的脂肪、卵磷脂、维生素 A、维生素 B、维生素 E、维生素 K 及锌、钙、磷、铁等元素，这些都是很重要的营养成分，经常吃芝麻类食品，能起到滋补益寿的作用。

芝麻含油量高，一般为 45%~62%，每 100 千克可出油 46~50 千克，高于大豆、油菜籽和棉籽。多年来，我国生产的芝麻大多用于榨油，是人们日常的主要食用油源。芝麻油气味清香，滋味纯正，是人们喜爱的优质食用油。芝麻油品质好，脂肪酸组分主要为不饱和脂肪酸，含量约接近 90%，其中人体不能合成的必需油酸、亚油酸含量 40% 以上，可基本满足人体的生理需要。油酸对人体健康很重要，可调节人体生理机能，促进生长发育。芝麻油中除含有对人体健康具有重要价值的脂肪酸外，还含有芝麻素、脂麻油酚、蔗糖、多缩戊糖及多种矿物质和微量元素。医学上已有芝麻油用作开胃、健脾、润肺、祛痰、清喉、补气的药物记载，长期食用芝麻油，对人体健康非常有益。

2. 具有比较优势的大宗出口农产品

芝麻是我国传统的出口农产品，畅销许多国家。我国芝麻品质优良，在国际市场上享有盛名。主产区河南、安徽、湖北生产的白芝麻，以籽粒饱满、色泽鲜艳、口味纯正、无污染而著称于世。我国劳动力资源丰富，芝麻生产投入少，成本相对较低，单产和总产较高，芝麻价格相对低廉，在国际市场上具有价格优势。我国芝麻的出口贸易自 20 世纪 80 年代以来逐年稳步上升，特别是在 21 世纪初，我国加入世界贸易组织（WTO）后，随着出口环境的不断改善，芝麻出口数量和创汇大幅增长，最高时曾占国际芝麻贸易市场一半的份额，芝麻出口产品结构亦由原料为主向原料与芝麻制品并重的方向发展与转变。

芝麻及其制品作为我国传统优势出口商品，不仅为国家赚得了大量外汇，为农民增加了收入，还由于芝麻贸易的拉动作用，带动了一大批芝麻加工出口企业的发展。以主要芝麻生产省份为例，芝麻主产区河南驻马店、安徽阜阳、湖北襄阳等，每个县市均有大小芝麻加工企业数十家，参与芝麻加工贸易人员上万人，以芝麻生产、流通、加工和贸易为主要内容的芝麻产业已成为当地县市的特色农业支柱产业，在农产品加工增值、延长产业链条、促进农村经济发展、增加农业人口就业等方面发挥了重要作用。

3. 在农业种植结构调整中占据重要地位

芝麻在农作物轮作换茬中具有特殊的地位。芝麻属纤维油料作物，自然生物养分归还率高，能够充分改善土壤物理状况和养分供应，视为半养地作物。芝麻饼粕含蛋白质35%~45%，副产品营养丰富，芝麻加工后饼粕、麻渣及其他下脚料中含有丰富的氮磷钾及多种矿质物质，用其作肥料，不仅可以提高作物产量，而且可显著改善品质，是小麦、玉米、水稻、瓜果、烟叶等粮食作物和经济作物的良好茬口作物，相同条件下芝麻后作种植较其他茬口种植增产10%~15%。芝麻与其他作物轮作，既可减轻病虫害的发生，也能减少环境污染和土壤侵蚀，起到保护天敌、提高后作物产量的作用。

芝麻抗旱耐瘠，生育期短，大多种植在丘陵旱薄地，不与粮食争地，有利于前后作物的安排，是其他作物良好的前茬，而且喜生茬地，在新开垦的农田、新造田及新整土地上，可选择将芝麻作为先茬作物，不仅当季芝麻可获得较好产量，而且为后作创造了增产条件。芝麻的根系发达，主根深扎入土层1米以上，根系分泌的有机酸可将土壤中难溶性磷分解释放出来，具有活化土壤磷素的作用。

4. 芝麻及其副产品的综合利用

（1）芝麻是重要的工业原料

随着人民生活水平的逐步提高，市场对优质食品、特色食品、保健食品的需求日益扩大。芝麻具有很高的营养价值、特殊的风味和良好的品质，是食品工业的重要优质原料。

芝麻是一种重要的食用植物蛋白资源，其综合利用越来越被重视，应用领域越来越广，直接利用芝麻制作的食品种类多、品质优、市场占有率高。用脱脂或半脱脂芝麻加工而成的芝麻蛋白粉是食品工业的重要原料，可直接用于制作焙烤食品，也可与其他动、植物蛋白混合制作乳制品和糖果等，是营养配餐、面包、糕点等食品的优质必备原料。随着芝麻精深加工及营养成分多元化利用水平提高，芝麻产业将获得更大的经济效益。

欧美、日本等发达国家纷纷进口中国优质有机绿色芝麻进行深加工，生产芝麻木酚素、芝麻黑色素、芝麻酚等高附加值产品。美国已实现芝麻素的产业化生产提取并将其应用于医疗，日本已开发出多种含高纯度芝麻有效成分的保健食品和饮料。我国以芝麻为原料加工的食品有芝麻粉、芝麻酱、芝麻糕、芝麻饼、芝麻乳、黑芝麻糊、炒香芝麻等100多种类型。

世界芝麻生产是随其榨油业的兴起和发展而发展的，由于芝麻含油量高、品质优良、营养丰富、香味纯正，兼具医疗保健功能，广受国际市场欢迎，具有很大的市场潜力。据世界粮农组织（FAO）统计：目前全球芝麻油年产量 130 万吨左右，其中我国产量约占 20%，2016 年中国芝麻油行业市场规模达 63.68 亿元，同比增长 6.85%。由于芝麻和芝麻油中富含诸多有益于人体健康的微量活性物质，世界卫生组织（WHO）于 2011 年召开的"世界卫生组织第 113 次会议"上，推荐芝麻油为最佳食用油。专家预测，随着社会经济发展和人们消费水平的提高，未来国际国内市场份额将会进一步扩大，芝麻榨油工业发展前景良好。

榨油后的芝麻饼粕营养成分丰富，饼粕中的精氨酸、络氨酸和亮氨酸含量明显高于其他同类饼粕，其中蛋白质含量约 40%、碳水化合物 20%、粗脂肪 10%、磷 3%、钾 1.5%。此外，芝麻饼粕中还含有较多的纤维素、矿物质（钙、磷、铁、锰、硒、镁等）和多种维生素（胆碱、生物素、尼克酸、卵磷脂、维生素 E、维生素 B_1、维生素 B_2 等），是畜牧业和水产业发展的优质精饲料。目前随着采用取油加工工艺技术的完善，芝麻饼粕不仅作为牲畜家禽配合饲料应用，而且在食品加工方面其食用蛋白成分也得到充分的利用。

芝麻加工后饼粕等副产物氮磷钾及矿物质含量高，是促进作物生长和培肥地力的优质有机肥料。芝麻油在工业上用途很多，是制作油漆、香精的上等原料，还可生产肥皂、药膏、高级美容化妆品、润滑油等化工产品；芝麻花期长，花量大，花冠中含有丰富的蜜腺，是一种优良的蜜源作物，利用芝麻田发展养蜂业，可增加农业经济效益。

（2）芝麻的营养保健功能和药用价值

芝麻的营养保健功能突出。芝麻具有滋补益寿之功和很多的药疗效果，芝麻及其制品富含不饱和脂肪酸、植物固醇、维生素 A、维生素 E 和叶酸等植物活性物质，对促进健康、预防疾病十分有益。

芝麻的医用保健作用在我国古代医书、史册和诗词中多有记载。据《本草纲目》中载："芝麻仁味甘气香，能健脾胃，饮食不良者宜食之，食后可以起到开胃、健脾、润肺、祛痰、清喉、补气等神奇之功效"。汉《神农本草经》提到：芝麻"味甘、性平、无毒，主治伤中虚羸、补五内、益气力、长肌肉、填脑髓，久服轻身不老。"明《天功开物篇》提到："发之而泽、腹之而膏、腥膻得之而芳、毒厉得之而鲜。"

现代药理研究和临床实验证明，芝麻具有降压止血、降低胆固醇等多方面的作用。芝麻含有可预防心脏病的不饱和脂肪酸，可有效降低血液中胆固醇含量，适宜于动脉硬化、冠心病、高血压等心脑血管治疗。芝麻中丰富的维生素 E 可降低血液中血小板沉积数量，使血管不易硬化，减少心脑疾病的几率。芝麻中的有效成分维他命 E 能延缓人体细胞衰老，促进脑细胞发育，保护血管，防止硬化，增强记忆力。最新研究认为，芝麻油中含有人体所必需的油酸、亚油酸、棕榈酸、甘油脂等多种有效成分，能有效清除对人体有害的低密度脂蛋白，食用芝麻油及其制品患心血管疾病的几率减少 20% 以上。

芝麻中含有丰富的芝麻素，芝麻素是一种具有广泛保健功能的成分，芝麻、芝麻油中富含的芝麻素作为植物中天然成分，具有降脂、消炎、抑癌、抗氧化作用。日本科学家研究表明，芝麻素能有效调节免疫功能、消除机体有害细胞，抑制化学剂致癌作用，美国将芝麻列为公布的 20 种抗癌食品之一。从 20 世纪 90 年代至今，世界芝麻素提取工艺研究发展迅速，对于预防心血管疾病、抗癌等方面有重大意义。

中国预防医学院营养与食品卫生研究所发布的食物成分显示，在现有发现的 25 中氨基酸中芝麻含 18 种，每百克芝麻中维生素 E 含量高达 38.28 毫克、钙 620 毫克，分别是鸡蛋的 3.5 倍、12 倍，与牛奶相比，有 20 种营养成分高于牛奶，热量和钙分别达到 9 倍和 10 倍。维生素 E 和钙是人体不可缺少的微量元素，补充维生素 E 和钙元素能增强人体抗病能力，延缓脑细胞和人体机能衰退，儿童多食用一些芝麻食品，能增进食欲，促进身体发育和智力发育。

第二章

芝麻生产发展概况

一、世界芝麻产业发展状况

芝麻是全球重要的特色油料作物之一，广泛栽培于亚热带和温带地区，在亚洲、非洲、美洲、欧洲的 50 多个国家均有种植，目前世界芝麻年种植面积 820 万公顷左右，单产 450 千克/公顷，总产约 430 万吨。20 世纪 60 年代以来，世界芝麻生产年份间虽有波动，但总体上呈稳步发展的趋势。1961—2014 年的 50 余年，面积增加了 45%，单产提高 50%，总产增加 2.6 倍。世界芝麻主要分布在赤道南北纬度 45°的亚洲和非洲等发展中国家，亚洲主要生产国包括印度、缅甸、中国等，芝麻种植面积约占世界总面积的 47.8%，非洲主要生产国有苏丹、尼日利亚、埃塞俄比亚、坦桑尼亚、乌干达等，芝麻种植面积约占世界总面积的 33.9%。其中面积在 50 万公顷以上的国家有 5 个，按现有种植面积大小依次为印度、缅甸、苏丹、坦桑尼亚和中国。据（FAO）统计（表 2-1），2014 年上述 5 国合计面积为 586 万公顷，占世界总面积的 70.9%，年总产量 290.2 万吨，占世界总产的 67.5%。由于芝麻多为发展中国家的出口经济作物，近年来非洲芝麻种植面积进一步扩大，而亚洲主产国尤其是中国芝麻种植面积呈下降趋势。

表 2-1　芝麻主产国生产发展概况（1961—2006 年）

区域	面积（万公顷）						
	1961—1970 年	1971—1980 年	1981—1990 年	1991—2000 年	2001—2006 年	2001—2010 年	2011—2015 年
世界	554.5	606.7	633.6	663.9	722.6	743.5	812.6
印度	248.2	233.7	230.2	193.1	173.5	178.2	192.5
苏丹	49.2	92.8	87.5	149.8	144.1	144.9	121.4

（续表）

区域	面积（万公顷）						
	1961—1970年	1971—1980年	1981—1990年	1991—2000年	2001—2006年	2001—2010年	2011—2015年
缅甸	52.5	68.9	81.9	93.1	140.6	145.2	159.7
中国	68.3	62.4	84.6	69.9	68.2	58.6	46.9
单产（千克/公顷）							
世界	295.2	299	340.1	379.4	448.1	481.2	521.5
印度	182	190.1	260.2	311.2	371	366.4	373.5
苏丹	380.7	269.6	201.4	173.6	182.9	197.3	213.3
缅甸	149.8	174.5	240.1	280.6	357.6	411.2	405.8
中国	392.8	433.9	559.5	891.9	1 050.3	1 146.6	1 296.4
总产（万吨）							
世界	163.8	181.3	215.5	251.8	323.7	357.8	423.8
印度	45.1	44.4	60.2	59.6	64.4	65.3	71.9
苏丹	18.4	25	17.2	25.9	27	28.6	25.9
缅甸	7.9	12.2	19.6	26	50.5	59.7	64.8
中国	26.6	27.1	47.3	60.2	71.8	66.4	60.8

注：数据来源于 FAO 统计数据库

　　芝麻生产国所在的主产地区天气变化较大，经常出现干旱或洪涝灾害，而芝麻生产过程中又极易受到气候变化影响，不同年份部分地区甚至出现极端灾害严重减产。同时世界芝麻生产多集中在发展中国家，农业生产条件差，芝麻种植多以人工操作为主，机械化生产水平极低，芝麻生产不同年份间起伏变化较大，世界芝麻单产和总产极易受到影响。世界芝麻的主产区所在的中国、印度、缅甸、苏丹和坦桑尼亚等国的芝麻产量之和约占世界总产量的 60% 以上，主产国的芝麻产量变化对于国际芝麻供需状况的影响尤为明显。

　　据联合国粮农组织（FAO）统计，20 世纪 80 年代世界芝麻种植面积基本维持在 620 万公顷左右，90 年代年均种植面积约 640 万公顷，2000 年、2001 年连续两年种植面积达到 700 万公顷以上，随后又下降到 90 年代的平均水平。2005 年以来种植面积增速加快，年均达 765 万公顷以上，其中 2011 年接近 840 万公顷。世界芝麻总产量 80 年代大约 200 万吨，90 年代 220 万~250 万吨，2001 年开始总产突破 300 万吨关口，自 2005 年起世界芝麻年总产量基本保持在 330 万吨以上，2011 年达到 450 万吨的创纪录水平。从这些数据分析中可以看出，90

年代芝麻种植面积相对稳定，总产增速在10%~25%，90年代中期以来总产的增长主要是依靠种植面积稳中有升和单位面积产量的提高。

世界芝麻主产国芝麻总产显示，2001年以来世界芝麻生产发生巨大变化，种植面积稳中有升，单产提高较快，总产增加较大，最近5年平均年产量比80年代翻了一番多（表2-2）。2014年缅甸最高为89万吨，占世界总产20.4%；印度第二，达到67.2万吨；中国不到62万吨，居第三。据粮农组织数据库统计，该年世界芝麻收获面积825.8万公顷，具体到各主产国，印度最大为186万公顷，中国50.0万公顷，仅占世界种植面积6.05%。芝麻单产中国最高达到1240千克/公顷，缅甸单产为559.7千克/公顷，印度仅为361.3千克/公顷。在主产国中，印度生产量也波动较大，非洲生产潜力大且其主要生产国种植面积、生产量逐年提高。中国芝麻种植面积几乎连年呈下降态势，是主产国中唯一10年间总产呈下降趋势的国家，虽然我国芝麻总产较为可观，但除2001年达到最高水平80万吨以上以外，之后表现呈下降趋势。中国从芝麻出口大国逆转为世界第一大进口国和"净进口国"，非洲成为中国进口芝麻主要来源地。据海关统计，2015年中国进口芝麻80.5926万吨并刷新历史最高纪录，中国市场消费需求对外依赖已达70%以上。非洲芝麻总产的90%用于出口，占国际芝麻市场份额的55%以上。

表2-2 2005年以来世界芝麻种植面积统计数据

国家	种植面积（千公顷）								
	2005	2006	2007	2008	2009	2010	2011	2012	2013
缅甸	1 550	1 570	1 365	1 431	1 569	1 632	1 594	1 570	1 590
印度	1 790	1 770	1 830	1 809	1 942	2 079	1 940	1 820	1 860
中国	594	640	593	473	477	448	438	490	500
坦桑尼亚	135	120	148	140	153	203	511	652	630
苏丹	1 523	1 530	1 507	1 489	1 234	1 273	1 482	820	1 280
埃塞俄比亚	320	225	188	278	31	385	338	290	260
乌干达	268	276	264	286	292	280	283	283	290
尼日利亚	196	197	205	317	308	325	325	330	340
巴拉圭	56	78	59	100	69	83	65	55	69
其他	1 311	1 246	1 284	1 328	1 372	1 439	1 419	1 392	1 439
世界总计	7 743	7 652	7 443	7 651	7 732	8 147	8 395	7 702	8 258

数据来源：Oil World，2014

就世界平均水平而言，每公顷芝麻产量平均不到 500 千克（表 2-3），与其他农作物相比，收益性较差，同时芝麻生产收获很难进行机械化规模化生产，因此短时间内产量难以突破。

表 2-3　2005 年以来世界芝麻产量统计数据

国家	生产量（千吨）								
	2005	2006	2007	2008	2009	2010	2011	2012	2013
缅甸	570	580	606	840	853	868	901	870	890
印度	700	690	697	640	588	893	810	685	672
中国	626	666	629	586	623	588	606	600	620
坦桑尼亚	55	48	98	47	90	144	357	456	420
苏丹	277	260	299	350	318	248	363	187	300
埃塞俄比亚	247	164	163	255	261	328	245	240	187
乌干达	161	166	147	173	178	170	173	173	180
尼日利亚	100	100	95	122	150	165	155	158	165
巴拉圭	50	70	49	65	40	50	28	37	32
其他	758	700	749	776	811	866	875	841	897
世界总计	3 544	3 444	3 532	3 854	3 912	4 320	4 513	4 247	4 363

数据来源：Oil World，2014

二、芝麻主产国生产状况

1. 印度芝麻生产

世界上最大的芝麻生产国，种植面积和总产常居全球之冠。年种植面积约 170 万 ~180 万公顷，总产约 65 万 ~80 万吨，单产水平比中国低 3 倍以上，最近 5 年种植面积起伏较大。在全部芝麻作物中白芝麻的生产量可达 25 万 ~35 万吨。有些年份，季风降雨会造成印度芝麻生产极不稳定。西南季风降雨延迟来临，播种延迟。尤其是生长前期干旱或过度降雨，容易遭受一些病虫害侵袭和损害品质，常常造成雨季芝麻作物严重歉收，年际间生产量波动较大。

IOPEPC 调查数据显示：2016 年印度雨季芝麻作物种植面积增加到 162.79 万公顷，平均单产估计 225 千克 / 公顷，总产估计约 36.627 8 万吨。大部分播种在 6 月份最后 1 周并持续到 7 月份第 2 周进行，在 9 月份最后 1 周和 10 月份前 2 周大量收获。

在印度几乎所有的邦都有芝麻的种植，白、黑、黄以及棕黑色芝麻在印度都有生产（表2-4，表2-5）。一年有两季生产，分为雨季（Kharif）作物（也称冬季作物，10—12月收获）和旱季（Rabi）作物（也称夏季作物，4—5月收获）。旱季芝麻作物占全国产量近30%，种植大多分布在西孟加拉邦（West Bengal）和古吉拉特邦（Gujarat）。西孟加拉邦生产的芝麻品种主要是黑色/棕色双层皮芝麻，用于国内压榨。白芝麻主要种植在古吉拉特邦（Gujarat）、中央邦（Madhya Pradesh）、拉贾斯坦邦（Rajasthan）和北方邦（Uttar Pradesh），这4个邦的产量占全国雨季芝麻作物种植面积的近80%。黑芝麻种植只在古吉拉特邦的阿姆雷利（Amerli）、佰达德（Botad）和包纳加尔（Bhavnagar）地区广泛种植，中央邦、拉贾斯坦邦和北方邦农民首选白芝麻品种的种植。在印度，芝麻主要由边远地区和小农户（拥有土地不到两公顷）熟练种植，大多数农民使用自家培育的种子而且几乎没有或以最小的投入来提高产量，农业专家和政府官员担心农户过度依赖季风降雨。400~600毫米的降雨和25~35℃的最佳温度范围最适宜印度芝麻生长。在雨季末，偏干燥的天气有利于芝麻收获前成熟、收割晾晒、脱粒干燥。

印度有非常发达芝麻脱皮产业，年处理量达25万吨以上。

表 2-4　2011—2015 年印度雨季芝麻作物生产统计数据

（面积：千公顷；产量：千吨；单产：千克/公顷）

地区	2011 年			2012 年			2013 年			2014 年			2015 年		
	面积	产量	单产	面积	产量	单产	面积	产量	单产	面积	产量	单产	面积	产量	单产
古吉拉特邦	176	41	233	74	28	374	118	41	346	144	47	328	152	74	489
拉贾斯坦邦	434	110	252	548	87	150	369	75	204	358	149	415	397	160	403
中央邦	238	54	225	342	80	230	219	45	206	339	150	442	365	145	397
北方邦	329	107	325	406	76	190	212	35	165	360	71	198	522	125	239
总计	1177	312	258	1369	271	236	918	196	230	1201	417	346	1485	504	339

数据来源：IOPEPC 2016 年 8 月政府公布数据

表 2-5　2011/2012—2015/2016 年度印度芝麻产量统计数据（千吨）

年度	2011/2012	2012/2013	2013/2014	2014/2015	2015/2016
雨季产量	420	340	350	470	500
旱季产量	340	261	302	303	190
总产	760	601	652	773	690

数据来源：印度贸易评估

2.埃塞俄比亚芝麻生产

在埃塞俄比亚油料作物中，芝麻由于高度适于干旱和半干旱低洼地带并且产量较好而占据主导地位。在油籽中芝麻生产是主要的，油籽出口中超过 80% 是芝麻。

2013 年以来埃塞俄比亚已成为仅次于印度、苏丹的世界第三大芝麻生产国，埃塞政府认为以芝麻为主的油籽作物是潜在的高价值出口产品，并且对扩大产业实施了多种投资鼓励措施。埃塞俄比亚芝麻生产发展较快，产量增长有巨大的潜力，总产量增长主要依赖新增地区的播种。2005 年以来，埃塞俄比亚芝麻种植面积和产量连续增长。但目前单产仍较低，主要为传统种植方式，多以人工撒播，机械生产水平极低，种植管理粗放，不能提高芝麻生产的抗逆能力和丰产性，而且农户缺乏科技种植和投入。

埃塞俄比亚芝麻产区主要分布在西北部、西南部干旱和半干旱低洼地带，主产州为提格雷区、阿姆哈拉区、奥罗米亚区、贝尼尚古尔区。其中：提格雷区西北部（Humera 和周边地区），阿姆哈拉区 Gondar 北部（Metema 和周边地区）和奥罗米亚（Wellega 东部）为主要种植区域。除了这些传统的生产地区，在其他地区也有零星的种植。在国家西北部、西南部和其他地区有广阔未经开发的低洼地带，可以用来扩大芝麻等油籽的生产，扩大芝麻种植有良好的潜力。最佳播种期从 6 月初到 7 月中旬，此时作为雨水灌溉作物播种，收获期通常从 10 月中旬至 11 月。

2008 年埃塞俄比亚芝麻种植面积 27.799 万公顷，总产量约 21.674 万吨，为油籽总产的 33%，平均单产约 52 千克 / 亩（1 亩 ≈ 667 平方米。全书同）。其中上述 4 个州的产量约占全国当年总产的 95% 以上。2001—2008 年种植面积年均增长 7%。

从中国开始大量进口埃塞俄比亚芝麻以来，芝麻的生产量已经扩大许多倍，从 2001 年的 6 万吨增加到 2008 年的 20 万吨以上，其中 2005—2008 年产量年增长 15.84%，高于同期油籽总产 12 个百分点，2015 年生产量增加至 41 万吨（表2-6）。

表2-6　埃塞俄比亚芝麻生产统计

年度	种植面积（千公顷）	总产（吨）	单产（千克/公顷）
2009/2010	315.85	260 534	830
2010/2011	384.64	327 741	850
2011/2012	328.32	247 783	750
2012/2013	239.53	197 130	820
2013/2014	282.96	227 000	800
2014/2015	420.49	288 771	690

数据来源：EPOSPEA / 埃塞俄比亚豆类油籽香料出口促进理事会

3. 苏丹芝麻生产

芝麻在苏丹农业生产中占有很重要的地位，为其主要经济作物，苏丹种植面积最大的三大谷类油籽作物分别是高粱、玉米和芝麻。也是全球最大的芝麻生产国之一。20 世纪 80 年代、90 年代，苏丹芝麻生产量位列中国、印度之后，有些年份排在缅甸后屈居第 4 位。种植面积占非洲 40% 左右，正常年景产量为 30 万吨左右（表2-7）。1999 年产量 34.8 万吨，在阿拉伯和非洲各国中占第一位。

表2-7　苏丹芝麻生产统计（2010—2016 年）

年份	种植面积（千 FED）	收获面积（千 FED）	产量（千吨）	单产（千克/FED）
2010	—	3 529	363	102
2011	—	1 953	187	95
2012	6 141	5 137	562	109
2013	4 467	2 647	205	77
2014	7 000	5 950	540	90
2015	3 560	2 850	240	83
2016	6 300	5 355*	470*	85~90*

数据来源：苏丹农业部。* 表示：预估值 1FED=2.4HA 费丹 / 公顷

种植主要分布在雨灌区。主要产区：加达里夫、青尼罗河南部地区、白尼罗河南部地区（白尼罗河河岸的 Kosti 和南苏丹 Malakal 之间）、科尔多凡东南地

区、达尔富尔。其中，加达里夫地区位于苏丹东部，与埃塞俄比亚芝麻产区毗邻，是苏丹最大的芝麻产区，以盛产优质白芝麻而闻名。通常加达里夫的雨季开始于6月，雨季来临后才可播种，相应播种期在6月和7月，11月收获。青尼罗河南部地区芝麻种植主要分布在青尼罗河河岸的 Damazin 地区和 Dinder 地区，市场人士反馈，2015年这里收获的白麻甚至优于加达里夫。科尔多凡东南地区生产白麻和红芝麻，红芝麻含油量高达55%，主要供应当地市场。达尔富尔是苏丹最大的农牧生产地区，种植芝麻面积仅占本区可耕地面积微乎其微的比例，主产红芝麻，年产量4万~5万吨。可供出口的白芝麻主要来自加达里夫、青尼罗河南部地区、白尼罗河南部地区。其他地区生产的红芝麻和混合芝麻在本国消费，用于榨油并且通过陆运出口到埃及。

苏丹是为数不多的实行芝麻生产"轮作"的国家，生产的40%为机械化收割。在苏丹南部有很多荒芜的土地，这里降雨充沛，可用于种植芝麻，生产潜力大。

近年，随着埃塞俄比亚、西非地区等其他非洲新兴芝麻生产大国出现，苏丹基本丧失非洲芝麻市场的领导地位，已有的市场份额也被越来越多的其他非洲国家挤占。

4. 缅甸芝麻生产

缅甸也是芝麻生产的重要国家之一。依据行业评估，20世纪90年代播种面积保持在320万~350万英亩，总产量基本在18万~24万吨，占全球芝麻生产总量的9%左右。2006年以前，缅甸芝麻生产在世界上排名为第4位，种植面积占世界芝麻种植总面积的约12%（据《当代缅甸周刊》报道）。

种植最多的地区是位于缅甸中部地区的马圭、曼德勒、实阶省，这3个省种植面积占全国的90%。每年芝麻种植季节分为双季和三季，其中8月中旬开始的收获为最大产季。出口品种：白芝麻、黑芝麻、红芝麻、棕褐色芝麻和科技芝麻（称为科学麻，最优品质的黑芝麻）。

根据缅甸联邦政府农业部统计：2000/2001财年种植面积约为352万英亩，产量42.66万吨，2003/2004、2004/2005、2005/2006财年种植面积依次为：362万英亩、370万英亩、339万英亩。2007/2008财年种植面积又扩大至近380万英亩。之后5年缅甸黑麻、白麻种植面积有较大增长。来自官方在农产品交易市场统计，2011年黑麻种植面积比往年增加40%。

来自仰光出口商的评估，2015 年、2016 年缅甸芝麻产量均不低于 60 万吨。

三、中国芝麻产业发展状况

芝麻是中国主要油料作物之一，种植历史悠久。在中国各省区都有种植，主产区在黄淮平原和长江中下游地区，主要分布于黄淮平原、南（阳）襄（阳）盆地、江汉平原、鄂东南丘陵地区。20 世纪 80 年代、90 年代主产省河南、湖北、安徽、江西，生产量之和占全国总产量的 80% 左右。其中，河南、湖北、安徽为中国白芝麻重点产区，江西主要盛产黑芝麻。河南芝麻种植面积稳居全国首位，总产和商品量常居全国之冠，约占全国的 1/3。上述地区土壤肥沃，气候适宜，年平均气温、降水量适宜芝麻生长，生产的芝麻籽粒纯白或乌黑、口味纯正、含油量高达 52% 以上。

中国是世界芝麻生产、消费和贸易大国，芝麻常年种植面积达 70 万公顷左右，约占世界总面积的 10%。20 世纪 80 年代、90 年代，播种面积仅次于印度，单产高于其他主产国，而总产与印度不相上下，总产位居全球第一或第二。当时中国芝麻种植面积约占全球芝麻种植面积的近 15%，占全球总产的 22%。1985年、1986 年连续两年种植面积超过 100 万公顷，为历史最高。2000 年中国芝麻种植面积占全球比例下降为 11%，总产量占全球百分比上升至近 29%（联合国粮农组织 FAO 数据）。从品质上看，我国芝麻主要品质显著优于其他主产国，突出表现在白芝麻含油量高（55% 以上，部分品质达到 60%），白芝麻籽粒纯白，口感好；黑芝麻乌黑发亮。因此，我国芝麻在国际上享有盛誉，在生产、贸易上居重要地位。

国家统计局数据显示，新中国成立以来，我国芝麻种植面积先后经历三起三落，波动幅度较大。1955 年种植面积达到 114.7 万公顷，1975 年降至 53.4 万公顷，直到 1985 年又增长至 105.8 万公顷；之后 12 年间一直呈下降势趋，到 1987年再次降至 56.7 万公顷，2000 年恢复到 78.5 万公顷。2000 年后，我国芝麻生产由于主产区涝灾频繁发生，产量低而不稳，种植效益下降，芝麻主要分布在欠发达地区，机械化种植程度低，近年来随着农民外出务工人数增多，田间管理及收获人员缺乏，以及国家对玉米、水稻等夏作物实施良种补贴等因素，严重影响了产区农民种植芝麻的积极性，导致主产区芝麻种植面积急剧下降。根据对主产省河南、安徽、湖北、江西等芝麻生产情况调查，2007 年全国芝麻种植面积首次下滑至 50 万公顷以下，降至历史最低点，至今仍无恢复性增长。年生产量从 2002 年的 89.50 万吨的历史高位大幅下降至 2015 年的 60 万吨左右。

21 世纪初，中国芝麻种植面积达到阶段新高后即呈下滑徘徊和加速下降态势（表 2-8）。主要原因是：国家农业政策宏观调控导致主产区农户种植芝麻作物收益低于玉米等其他秋作物；进口芝麻低价冲击；极端天气困扰，单产波动大；农村大量青壮年劳动力外出务工，种植多以人工操作，机械生产水平低。2003 年、2004 年、2005 年中国芝麻连续三年歉收，出现供求缺口。2006 年总产虽有恢复性提高，但中国芝麻供给的紧张状况从总体上并没得到根本缓解。2007 年、2008 年产量再次大幅减少。依据市场分析，从 2009 年起，中国芝麻生产量始终处于 60 万吨 / 年左右水平，目前看，由于播种面积扩大受到制约，总产恢复至 70 万吨有一定的难度，国内需求无法摆脱对国外芝麻的依赖。

表 2-8　2000—2015 年中国芝麻种植面积和产量统计

年份	面积（万公顷）	总产（万吨）	单产（千克/公顷）	行业评估总产*（万吨）
2000	78.43	81.10	1 034	70
2001	75.80	80.40	1 061	72
2002	75.90	89.50	1 180	75
2003	67.82	59.30	863	38
2004	62.45	70.45	1 128	55
2005	59.34	62.55	1 054	50
2006	56.79	66.50	1 171	60
2007	48.56	55.70	1 147	46
2008	47.01	58.60	1 243	40
2009	47.30	62.20	1 307	50
2010	44.71	58.66	1 312	45
2011	43.85	60.50	1 385	48
2012	43.68	63.90	1 463	30
2013	41.81	62.30	1 490	35
2014	42.92	63.00	1 468	30
2015	43.50	63.70	1 470	25

数据来源：国家统计局（*仅为行业贸易评估值，非官方数据）

第三章

芝麻栽培区划与轮作制度

一、地理分布

我国芝麻种植历史悠久，分布地域广泛，几乎遍及全国各地。从地理分布上看，南自海南岛，北至黑龙江，东起台湾，西至西藏自治区（以下称西藏），在北纬 18°~47°，东经 76°~131° 的广阔区域内，从平原到丘陵，从山区到高原，均有芝麻种植。但是，我国芝麻生产分布极不均衡。从全国范围来看，我国芝麻主要集中分布在河南、安徽、湖北三省，其次是江西、陕西、山西、河北四省，江苏、辽宁、广西壮族自治区（以下称广西）也有一定面积，但年份间变幅较大，其他省（市、区）只有少量种植。根据自然生态、气候条件、耕作制度、品种类型、生产特点等可将我国芝麻种植分为 7 个生态种植区。在我国中部，西起湖北襄阳，经河南南阳、驻马店、周口至安徽阜阳、宿县等地形成一条我国芝麻集中种植带，并以此为核心向南北辐射，形成了包括黄淮、江淮、江汉平原芝麻主产区。该区是我国芝麻生产的中心，种植面积大，在很大程度上影响着中国芝麻生产的形势。

二、重点产区

1. 芝麻产区的划分

基于我国各地的地理位置、地貌类型、气候条件、品种生态分布、栽培耕作制度等指标有所不同，考虑到芝麻生产发展的趋势，目前我国芝麻生产区划划分为东北、西北春芝麻区，华北春、夏芝麻区，黄淮夏芝麻区，江汉夏芝麻区，长江中下游夏芝麻区，华南春、夏、秋芝麻区，西南高原春、夏芝麻区 7 个区。

（1）东北、西北春芝麻区

此区包括东北三省、内蒙古自治区（以下称内蒙古）、新疆维吾尔自治区（以下称新疆）、甘肃、青海等省市区，此区芝麻面积和总产占全国的5%~6%；东北区芝麻主要分布在辽东、辽西丘陵以及辽西北等地，东北地区热量不足，生长季节短，生育期间积温2 300~3 300℃，日照时数900~1 450小时，降水量330~600毫米。西北地处内陆，光热充足，水之源缺乏，生育期间积温3 400~4 200℃，日照时数1 300~1 900小时，降水量61~123毫米。此区温、光条件对芝麻生育有利，栽培制度为一年一熟春芝麻。

（2）华北春、夏芝麻区

此区位于北京、天津、河北、山东、山西、陕北等华北地区，此区气候和土壤条件比较优越，芝麻生育期间全区雨量充沛，气候温暖，宜于春夏芝麻种植，积温3 500℃以上，日照时数1 300~1 550小时，降水量400~900毫米。此区温、光条件对芝麻生育有利，属一年两熟春、夏芝麻生态区。芝麻面积和总产占全国的7%~8%。该区气温偏低、降雨偏少，芝麻种植方式多种多样，单作、间套复种并存，栽培管理粗放。

（3）黄淮夏芝麻区

包括河南、安徽全部和苏北部分地区，是全国最大的芝麻产区，芝麻面积和总产占全国的40%以上。此区气候、土壤均适宜种植芝麻，属暖温带半湿润气候类型，无霜期170~220天，气温高，蒸发量大，降雨量丰富，夏季降雨量占全年的70%以上，但生产中经常发生春旱夏涝，而且常有风、雹、病虫等自然灾害发生，为一年两熟夏芝麻生态区。

（4）江汉夏芝麻区

包括湖北中北部襄阳、十堰、荆门、河南豫西南、南阳等部分地区，是我国第二大芝麻集中产区，芝麻面积和总产占全国的30%左右。此区属亚热带季风型大陆气候过渡区，具有四季分明，气候温和，光照充足，热量丰富，降雨适中，雨热同季等特点，年平均无霜期为220~240天，年均降水量800~1 100毫米。区境内日照充足，年均日照1 987小时，年均气温15.1~16.9℃。具有芝麻生产优越的气候条件，为一年两熟夏芝麻生态区。

（5）长江中下游夏芝麻区

此区是长江流域以麦茬、油菜茬芝麻为主的产区，包括鄂东，九江、安庆、芜湖，苏南及江浙等长江流域，芝麻面积和总产占全国的6%~7%。此区自然资源条件好，雨量充沛，气候温暖，芝麻生育期间积温3 500~5 000℃，日照时数1 100~1 650小时，降水量1 000~1 400毫米。栽培制度为一年两熟夏芝麻。

（6）华南春、夏、秋芝麻区

此区位于岭南以南的华南沿海地区，包括湖南、广东及海南的全部，广西、福建的大部以及湖南、江西南部。芝麻主要分布在东南丘陵、河流冲积地区一带，芝麻面积和总产占全国的7%~8%。此区高温多雨，水热资源居全国之冠，从北向南平均积温5 000℃以上，日照时数1 300~2 500小时，降水量1 200~1 800毫米。栽培制度因气候、土壤、劳力等因素比较复杂，多种于丘陵及薄地，复种指数高，以一年两熟、三熟春、夏、秋芝麻为主。

（7）西南高原春、夏芝麻区

此区位于云贵高原和横断山脉范围，包括贵州全部，云南的大部，川东盆地及西藏局部温暖河谷地带，芝麻种植分散，芝麻面积和总产占全国的2%~3%。此区为低纬度高原山地，地势西北高，东南低，山高谷深，气候垂直差异明显，雨量充沛，生长季节阴雨天多，芝麻生育期间积温3 000~6 250℃，日照时数1 100~2 200小时，降水量500~1 400毫米，降水多集中在5~10月。栽培制度以一年一熟为主，部分地区一年两熟。

2. 芝麻的种植轮作制度

芝麻不耐连作，连作导致病害加重，地力下降，产量降低。实践表明，对芝麻地调换茬口，与其他作物有效轮作，不仅可以起到用地养地、早腾茬的作用，而且可以促进后作增产。我国芝麻产区分布广泛，因不同地理气候、土壤类型和种植制度差异，形成了不同的种植轮作方式，根据各地芝麻播种期的不同，其主要种植轮作制度有以下几种。

（1）一年一熟、两年三熟春芝麻产区

主要分布在华北、东北、西北等芝麻产区，种植面积占我国芝麻总面积的10%左右。春芝麻一般5月上中旬播种，8月下旬左右收获。该地区春芝麻播种较早，生长时间充足，易于管理，一般单产较高，春芝麻轮作方式有以下几种：
① 玉米—芝麻—春小麦—大豆—高粱；② 高粱—芝麻—春小麦—大豆—玉米—高粱—大豆；③ 甘薯—夏大豆—芝麻—冬小麦—玉米；④ 棉花或甘薯—芝麻—冬小麦—晚玉米或大豆。

（2）一年一熟或三年五熟的夏芝麻产区

主要分布在我国黄淮、江汉平原及长江流域，其种植面积占全国芝麻总面积的 70% 左右。夏芝麻一般 5 月底至 6 月初播种，9 月上中旬收获。前茬多为小麦，部分为油菜、蚕豆、大麦，其主要轮作方式有：① 冬大麦—芝麻—冬小麦 / 棉花；② 蚕豆或油菜—芝麻—冬小麦 / 玉米—冬小麦—甘薯；③ 小麦 / 豌豆—芝麻—冬小麦—大豆—小麦 / 棉花。

（3）一年三熟或两年五熟的秋芝麻产区

主要分布在长江下游及东南的安徽、江西、浙江、广东、福建等地，其种植面积占全国芝麻总面积的 10% 以上。秋芝麻一般在 7 月上中旬播种，9 月中下旬收获。其主要轮作方式有：① 冬大麦（小麦）/ 大豆—秋芝麻—棉花或玉米；② 早稻—秋芝麻—冬小麦或油菜等。

3. 芝麻的间作套种

芝麻茎秆直立，遮阴面积小，在南方旱地多熟间（套）种、复种制度发展中，芝麻常用来与蔓生或矮杆作物间作。芝麻间作、套种，能充分利用空间和地力，发挥多种作物的增产优势，可使粮—油、油—油，油—菜双丰收，增加经济效益，在各地生产实践中得到普遍应用。如与甘薯、花生、豆类（大豆、绿豆、豇豆等）间作或混作。一般以甘薯或花生为主与芝麻间作，甘薯每隔 1~2 行沟间作 1 行芝麻，不影响甘薯和花生的密度，芝麻可达 1 000 株 / 亩左右。芝麻与豆类混作，由于芝麻喜干燥环境，比较耐旱，而豆类喜湿润环境，有利于旱涝保收，正常年份以收芝麻为主，雨涝年份以收豆类为主。

第四章

芝麻的类型、生物学特性及优良品种

一、芝麻的类型

芝麻属于胡麻科胡麻属，共有 36 个种，其中栽培种仅 1 个芝麻。属一年生直立草本植物，高 60~150 厘米，遍布世界上的热带地区及部分温带地区。

1. 按芝麻的分枝习性分

单秆型：通常不分枝，节间较短，每节着生 2~3 个蒴果，茎秆坚硬，一般成熟较晚，宜于密植。

分枝型：又分少枝型（2~3 个分枝），普通分枝型（4~6 个分枝），多分枝型（7~10 个分枝）（图 4-1）。具有分枝性，节间较长，每节多数着生一个蒴果，一般成熟较早，种植不宜过密。

单秆型　少枝型　普通分枝型　多分枝型

图 4-1　按芝麻的分枝习性分类

2. 按叶腋间着生花数分

单花型（花单生叶腋）、三花型（叶腋间着生三朵花）、多花型（叶腋间着生花在三朵以上）。

3. 按花冠的颜色分

白色、微紫色、紫红色。

4. 按蒴果棱数分

四棱形、六棱形、八棱形和多棱芝麻。

5. 按蒴果长短分

短蒴型（<3厘米）、中蒴型（3~4厘米）、长蒴型（>4厘米）。

6. 按种皮颜色分

白色芝麻：主要用于糕点等食品。

黄色芝麻：主要用于榨油、芝麻酱。

黑色芝麻：主要用于糕点及药用。

杂色芝麻：主要用于榨油用。

7. 从芝麻的生育期长短分

早熟种（80~90天）、中熟种（90~100天）、晚熟种（100~120天）。

二、芝麻栽培的生物学特性

1. 芝麻的生育习性

（1）生育习性

芝麻起源于热带，是喜温作物。我国的播种期可从4月开始至7月结束。

芝麻的全生育期为80~120天不等，其中早熟品种80天左右，中熟品种85~100天，晚熟品种100天以上。

（2）芝麻的一生

发芽出苗期：播种至出苗阶段（图4-2）。

苗期：出苗至现蕾阶段，一般25~35天（图4-3）。

蕾期：现蕾至初花阶段，一般7~15天（图4-4）。

花期：初花至终花阶段，一般40~60天（图4-5）。

蒴果和种子发育成熟期：终花至成熟阶段，一般15~20天（图4-6）。

图4-2 发芽出苗期

图4-3 苗期

图4-4 蕾期

图4-5 花期

图4-6 蒴果和种子发育成熟期

2.芝麻的形态特征

（1）芝麻的根

芝麻的根系由主根、侧根、细根和根毛组成。芝麻属于浅根系作物，多数品种的根系分布在20厘米土层以内。

芝麻的根系还分为细密状根系和粗散状根系两种类型（图4-7），大多数芝麻品种根系属于细密状根系。

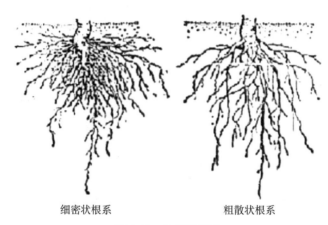

　　　细密状根系　　　　　　　　粗散状根系

图4-7　芝麻的根系

（2）芝麻的茎

芝麻茎的高度一般在60~200厘米。

茎的生长在蕾期逐渐加快，日均生长量开始上升到1.5~2厘米。初花至盛花期茎秆发育最快，日均增高2~3厘米。盛花至终花阶段，茎秆生长量逐渐减慢，日均增高1.5~1.8厘米。在终花期芝麻茎秆不再增高，叶面积因下部叶片脱落而有所下降。

芝麻茎的茸毛类型有两种，一种长而密，一种短而稀（图4-8）。

（3）芝麻的叶

芝麻的叶由子叶和真叶组成（图4-9）。

子叶：呈扁卵圆形，当芝麻长出3~5对真叶时，

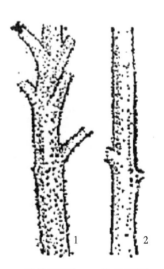

1-茸毛长而密；2-茸毛短而稀
图4-8　芝麻茎的茸毛类型

子叶逐渐枯黄脱落。

真叶：由叶柄和叶片组成，无托叶。芝麻叶有单叶和复叶之分，且在同一株的不同部位叶型有所不同（异性叶）。

按照叶缘芝麻叶还可分为全缘、锯齿和缺刻三种类型。

芝麻叶的叶序在基部基本为对生，往上由对生逐步转为轮生、混生。

芝麻叶的颜色可分为深绿、绿、浅绿三种。

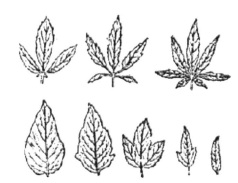

图 4-9 芝麻叶的形状

（4）芝麻的花

芝麻花序为复二岐聚伞状花序，无限花序。芝麻的花可分为单花型（1朵花），3花型（3朵花）和多花型（3朵以上花）。

芝麻花的构造：芝麻花为大型的两性筒状花，由花柄、苞叶（两片披针形绿色）、花萼（5裂）、花冠（5个花瓣愈合成筒状）、蜜腺、雄蕊（4个）、雌蕊（2~4个心皮）7个部分组成（图4-10）。

图 4-10 芝麻的花

芝麻为自花授粉作物和显花植物。花器很大，极易吸引昆虫如蜜蜂等传粉，因此，正常情况下其异花授粉率可达 3%~5%。

（5）果实与种子

果实：芝麻的果实为蒴果，是由果皮、胎座、种子、果柄和残留花萼组成（图4-11、图4-12）。

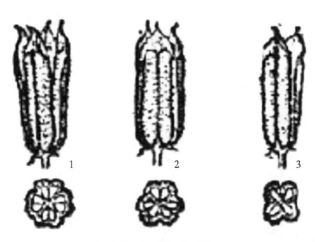

1- 八棱；2- 六棱；3- 四棱

图4-11　蒴果的类型及其横切面

图4-12　芝麻的果实与种子

种子：种子是由种皮、胚乳和胚三部分组成。

种皮的颜色除了白、黄、黑、褐、灰5种基本色外，还有许多中间过渡颜色。

种子的千粒重一般在2.5~3.5克。

3. 芝麻生长发育所需要的环境条件

（1）温度

芝麻一生需要积温 1 500~3 000℃，中国绝大多数地区能满足这一要求。

芝麻种子在 16~36℃能正常发芽。苗期当温度低于 5℃时，幼苗就会停止生长。开花结蒴时若气温低于 15℃，则易出现畸形花、不孕花，严重时则导致落蕾落花或蒴果发育不良。

（2）光照

芝麻原属于短日照作物，但在长日照和短日照条件下都能结实。喜光怕阴。

（3）水分

芝麻为中等需水作物，表现为稍耐旱而怕渍涝。

芝麻幼苗阶段，由于生长缓慢，根系吸水能力较弱，最适生长的土壤含水量为 16%~20%。现蕾、开花、结实阶段，根系生长迅速，对水分吸收能力增强，耗水量占总耗水量的 60%。开花最适宜的相对湿度是 94%~99%。当湿度下降到 70% 以下时，就不利于芝麻的开花受精。

（4）土壤条件

芝麻在黏土、轻壤土、中壤土、沙壤土和冲积土上均能正常生长。

芝麻生长需要的适宜土壤酸碱度 pH 值 6.5~7.5，微酸性至中性土壤。

三、芝麻的优良品种

1. 鄂芝 1 号

品种来源：襄阳市农业科学院以"82-262"为母本、中芝 8 号为父本杂交选育而成，1998 年通过湖北省农作物品种审定委员会审（认）定，鄂种审证字第 5 号。

特征特性：单秆型，三花四棱，白花微紫，蒴果中短，种皮白色，茎秆粗壮，正常年份株高 180~200 厘米，叶片肥大，叶色深绿，蒴果密，单株结蒴 150 个左右，单蒴 65 粒，千粒重 3 克以上，全生育期 95 天。

产量及品质表现：1995 年襄阳市农科院高产试验中，最高单产 186 千克。1996 年参加湖北省芝麻优良品系比较试验，亩产 86.75 千克，比对照豫芝 6 号增产 15.4%；在 1996—1997 年湖北省区试中平均单产分别为 48.37 千克和 76.9 千克，比对照中芝 10 号分别增产 10.83% 和 16.55%。粗脂肪含量 59.2%，蛋白质含量 18.0%。

适宜地区：适宜湖北省芝麻产区种植。

2. 鄂芝 2 号

品种来源：襄阳市农业科学院以本院选育的品系"82-408"的干种子经 γ 射线辐射诱变选育而成，2000 年通过湖北省农作物品种审定委员会审（认）定，鄂种审证字第 191 号。

特征特性：单秆型，三花四棱，白花，花冠较大，蒴果中等，种皮纯白色，茎秆粗壮，叶片肥大，正常年份株高 180 厘米，蒴果密。蒴节 1~2 厘米，不易裂蒴，单株结蒴 120~150 个，单蒴粒数 65~70 粒，千粒重 3 克，全生育期 88 天。

产量及品质表现：在 1996—1998 年湖北省区域试验中，3 年平均亩产量 57.7 千克，比对照中芝 10 号增产 11.1%。粗脂肪含量 57.38%，粗蛋白含量 20.76%。

适宜地区：适宜湖北省芝麻产区种植。

3. 鄂芝 3 号

品种来源：襄阳市农业科学院以"1283"作母本，本院品系"86-302"作父本有性杂交选育而成，2002 年通过湖北省农作物品种审定委员会审（认）定，品种审定编号为鄂审油 001-2002。

特征特性：属单秆型，三花四棱，中下部蒴果少数六棱，白花、花冠大，蒴果中长、肥大，粒籽纯白色，纹路较细，植株高大，根系发达，茎秆粗壮，叶片肥大，叶色深绿，下部有少数裂叶，一般株高 170~180 厘米，成熟时茎秆呈绿色，不裂蒴，单株结蒴 130 个左右，单蒴粒数 65~70 粒，种子卵圆形，千粒重 3.06 克。

产量及品质表现：1996—1997 年参加院芝麻品系比较试验，平均亩产 88.31 千克，比对照中芝 10 号增产 32.5%；1998—1999 年参加湖北省区域试验，零年平均亩产 59.57 千克，比对照中芝 10 号增产 9.42%，达极显著水平；2000 年进行高产栽培试验示范，在严重灾害条件下，表现出较强的抗逆性和丰产性，单产 134.4 千克，比对照中芝 10 号增产 46.10%，比对照豫芝 4 号增产 28.90%；在 2001 年高产栽培试验中，单产 180.09 千克，比对照中芝 10 号增产 58.80%。粗脂肪含量 57.23%，蛋白质含量 20.23%。

适宜地区：适宜湖北省芝麻产区种植。

4. 鄂芝 4 号

品种来源：襄阳市农业科学院以"0730"作母本，"87600"作父本有性杂交，经系谱法选育而成，2005 年通过湖北省农作物品种审定委员会审（认）定，品种审定编号为鄂审油 2005002。

特征特性：单秆型、三花、四棱，株高中等，茎秆粗壮，根系发达，抗倒性较强。成熟时茎秆和叶片呈绿色，蒴果中长，不裂蒴。白花、籽粒较大，种皮纯白色，区域试验中株高 148.7 厘米，始蒴部位 60.5 厘米，空梢尖长 7.8 厘米，主茎果轴长 80.4 厘米，单株蒴数 72.9 个，每蒴粒数 66 粒，千粒重 2.82 克，生育期 83.7 天。

产量及品质表现：1999—2000 年参加襄樊市农业科学院芝麻新品系比较试验，平均单产 94.6 千克，比对照鄂芝 1 号增 21.7%；2001—2002 年参加湖北省芝麻区试，两年平均单产 77.16 千克，比对照鄂芝 2 号增 9.06%，其中 2001 年省区试平均单产 88.24 千克，比对照鄂芝 2 号增 11.71%。粗脂肪含量 56.26%，蛋白质含量 20.75%

适宜地区：适宜湖北省芝麻产区种植。

5. 鄂芝 5 号

品种来源：襄阳市农业科学院 1999 年以"鄂芝 1 号"为母本与本院品系"93106"为父本有性杂交，经过连续 4 个世代定向选择选育而成，2007 年通过湖北省农作物品种审定委员会审（认）定，品种审定编号鄂审油 2007002。

特征特性：单秆型、三花、四棱，植株较高，茎秆粗壮，茸毛量中等，成熟时为绿色，叶片绿色，中等大小，中下部叶片为椭圆形，少数为裂叶，上部为披针形。花白色，花冠较大，蒴果中长，种皮白色。品比试验中株高 164.0 厘米，始蒴部位 55.1 厘米，主茎果轴长 101.9 厘米，单株蒴数 82.5 个，每蒴粒数 70.5 粒，千粒重 2.88 克，生育期 84.1 天。

产量及品质表现：2004 年参加湖北省襄樊市农科院芝麻新品系比较试验，平均产量 93.7 千克，比对照鄂芝 1 号增产 13.60%；2005—2006 年参加湖北省芝麻区试，两年 12 点平均产量 80.74 千克，比对照鄂芝 2 号增产 8.58%，其中 2005 年产量为 79.33 千克，比对照鄂芝 2 号增产 9.69%，2006 年产量为 82.14 千克，比对照鄂芝 2 号增产 7.54%。粗脂肪含量 56.44%，蛋白质含量 19.65%。

适宜地区：适宜湖北省芝麻产区种植。

6. 鄂芝 6 号

品种来源：襄阳市农业科学院 1997 年以"鄂芝 1 号"作母本，以"宜阳白"作父本有性杂交选育而成，2007 年国家品种审定委员会审（认）定，品种审定编号国品鉴芝麻 2007001。

特征特性：单秆、三花、四棱，茎秆粗壮，根系发达，抗倒性较强；成熟时茎秆和叶片呈绿色，蒴果中短，不裂蒴；白花，籽粒较大，种皮纯白色。全国区域试验中株高 173.9 厘米，始蒴部位 63.3 厘米，空梢尖长 6.5 厘米，主茎果轴长 104.1 厘米，单株蒴数 80.0 个，每蒴粒数 63.2 粒，千粒重 2.7 克，生育期 84.4 天。

产量及品质表现：2004 年参加本院芝麻新品系比较试验，平均产量 87.7 千克，比对照鄂芝 1 号增产 8.3%；2005—2006 年参加全国芝麻区试，平均产量 83.75 千克，比对照豫芝 4 号增 8.99%，增产点次 70%；2006 年参加全国芝麻生产试验，平均产量 91.82 千克，比对照豫芝 4 号增 10.83%，增产点次 80%。粗脂肪含量 57.44%，蛋白质含量 19.38%。

适宜地区：适宜湖北、河南、安徽、江西芝麻产区种植。

7. 鄂芝 7 号

品种来源：襄阳市农业科学院用"鄂芝 3 号"作母本，"豫芝 4 号"作父本杂交，经系谱法选择育成的芝麻品种，2012 年通过湖北省品种审定委员会审（认）定，品种审定编号鄂审油 2012004。

特征特性：单秆、三花、四棱；茎秆、叶柄茸毛较多，成熟时茎秆及蒴果为绿色。叶片下部圆形、上部披针形，花白色，蒴果中等大小，空梢尖较短，种皮白色，籽粒较大。品比试验中株高 165.0 厘米，始蒴部位 51.8 厘米，空稍尖 4.3 厘米，主茎果轴长度 108.9 厘米，单株蒴数 90.1 个，每蒴粒数 65.8 粒，千粒重 2.81 克。生育期 89.6 天。

产量及品质表现：2009—2010 年参加湖北省芝麻区域试验，平均亩产 80.19 千克，比对照鄂芝 2 号亩增 10.57 千克，增产 15.18%。其中，2009 年亩产 86.20 千克，比对照增产 22.15%，2010 亩产 74.18 千克，比 CK 增产 8.04%，两年均增产极显著。粗脂肪含量 56.71%，粗蛋白含量 18.85%。

适宜地区：适于湖北省芝麻产区种植。

8. 鄂芝 8 号

品种来源：襄阳市农业科学院 2004 年以"郑 97601"作母本，"襄芝 2 号"作父本经有性杂交育成，2014 年通过国家品种审定委员会审（认）定，品种审定编号国品鉴芝麻 2014001。

特征特性：单秆型，叶腋三花，蒴果四棱，生育期 86.5 天。植株下部叶片较大，中部叶片为椭圆形，上部为披针形，花色为白色，籽粒纯白。成熟时茎秆、蒴果颜色为绿色，茎秆及蒴果茸毛中等。株高 166.7 厘米，始蒴部位 56.2 厘米，空稍尖 5.6 厘米，主茎果轴长度 104.9 厘米，单株蒴数 86.0 个，每蒴粒数 66.4 粒，千粒重 2.79 克。

产量及品质表现：2011 年参加国家芝麻江淮片品种区域试验，平均亩产 73.34 千克，比对照豫芝四号增产 5.02%；2012 年续试，平均亩产 89.38 千克，比对照增产 9.00%。两年区试平均亩产 81.36 千克，比对照增产 7.17%，增产点次 63.64%。2013 年生产试验，平均亩产 90.12 千克，比对照豫芝 4 号增产 8.87%。粗脂肪含量 56.53%，粗蛋白含量 19.76%。

适宜地区：适于湖北、河南南部芝麻产区种植。

9. 中芝 11

品种来源：中国农业科学院油料作物研究所以豫芝 4 号为亲本种子经太空环境诱变和地面系统选育而成，品种审定编号国品鉴油 2003006。

特征特性：单秆型，株高一般 160~180 厘米，栽培条件好时可达 220 厘米以上，生长势强，茎秆粗壮，根系发达，花冠白色，每叶腋三花，蒴果四棱，成熟时茎秆为黄绿色，落黄性好；一般始蒴高度 45~50 厘米，果轴长度 100 厘米以上，平均每蒴粒数 65~70 粒，种子长卵圆形，种皮颜色纯白，千粒重 2.8~3.2 克。全生育期 90 天左右。抗茎点枯病和枯萎病，耐渍、抗倒伏能力较强。

产量及品质表现：在 2001 年、2002 年连续两年国家芝麻区试中，25 点次平均亩产 85.92 千克，比对照豫芝 4 号和地方品种对照分别增产 11.82% 和 10.30%，达极显著水平，增产点次占 96%，2002 年生产试验，在鄂、豫、皖、赣 8 个试点平均亩产 74.03 千克，比对照豫芝 4 号增产 21.12%，全部增产。平均含油量 56.20%，蛋白质含量 20.23%。

适宜地区：湖北、安徽、河南、江西及周边芝麻产区。

10. 中芝 12

品种来源： 中国农科院油料作物研究所以从国外引进的芝麻品种"CLSU-9"作母本、以"宜阳白"作父本杂交，经多代定向选择育成，2003 年通过湖北省农作物品种审定委员会审定。

特征特性： 单秆，每叶腋三花，蒴果四棱；植株较高大，株高一般 160 厘米左右，高可达 2 米以上。叶色绿，叶片较大，叶柄较长，成熟时茎秆青黄色。单株蒴果数 90 个左右，多可达 150 个以上。花白色，蒴果较短，但每蒴粒数较多，一般 75 粒左右，籽粒较大，千粒重 2.7 克左右，正常夏播全生育期 90~100 天左右。

产量及品质表现： 在 2001—2002 年湖北省芝麻品种区域试验中，两年平均亩产 80.88 千克，比对照鄂芝 2 号增产 14.32%；2002 年湖北省芝麻生产试验示范中，平均亩产 70.15 千克；种子含油量 56.09%，蛋白质 20.11%。

适宜地区： 适宜在湖北及临近芝麻主产省种植。

11. 中芝 13

品种来源： 中国农业科学院油料作物研究所以豫芝 4 号为亲本种子经太空环境诱变和地面系统选育而成，国品鉴油 2005001。

特征特性： 单秆型，株高一般 160~180 厘米，栽培条件好时可达 200 厘米以上，茎秆粗壮，根系发达，叶色淡绿，花冠白色，茸毛量中等，每叶腋三花，蒴果四棱，成熟时茎秆为黄绿色，一般始蒴高度 50 厘米左右，果轴长度 100 厘米以上，平均每蒴粒数 65~70 粒，种子长卵圆形，种皮颜色纯白，千粒重 3 克左右。全生育期 90 天左右。

产量及品质表现： 在 2003 年、2004 年连续两年国家芝麻区试中，产量居所有参试品种首位，平均亩产 67.61 千克，比对照豫芝 4 号增产 13.04%，极显著，高产点亩产达 111.84 千克；生产试验 4 省 12 个试点全面增产，平均亩产 75.95 千克，增幅 13.38%；平均含油量 56.58%，比对照高 0.56%，最高达 58.98%，蛋白质含量 20.28%。抗茎点枯病和枯萎病，耐渍、抗倒伏能力较强。

适宜地区： 湖北、安徽、河南、江西及周边芝麻产区。

12. 中芝 14

品种来源： 中国农业科学院油料作物研究所 85-411 × 豫芝 4 号杂交后经系统选育而成，鄂审油 2006002。

特征特性：单秆型，三花四棱，植株较高大，茎秆粗壮，茎秆和叶片为绿色，花白色，蒴果中等长度，成熟时呈青黄色，株高170厘米左右，单株蒴数80个以上，每蒴粒数65粒左右，千粒重2.8~3.0克，种皮纯白。全生育期95天左右。

产量及品质表现：在湖北省芝麻品种区域试验中，平均亩产63.16千克，比对照鄂芝2号增产7.91%，极显著。在全国芝麻品种区域试验中，平均亩产77.22千克，比对照豫芝4号增产8.35%。平均含油量57.50%，蛋白质含量19.26%，抗茎点枯病和枯萎病能力较强。

适宜地区：湖北、江西及安徽南部、河南南部芝麻产区。

13. 中芝15

品种来源：中国农业科学院油料作物研究所以豫芝4号×ZZM3604杂交后经系统选育而成，鄂审油2010003。

特征特性：属单秆型，生长势较强，茎叶绿色，成熟时茎果呈黄绿色，花白色，蒴果四棱，较大，成熟时呈黄绿色，种皮色纯白，籽粒较大。湖北省区域试验中，株高162.5厘米，始蒴部位54.5厘米，主茎果轴长103.2厘米，单株蒴果数85.9个，每蒴粒数60.8粒，千粒重2.77克。全生育期93天左右。

产量及品质表现：2007—2008年参加湖北省芝麻品种区域试验，两年平均亩产56.16千克，比对照鄂芝2号增产7.59%。含油量58.87%，蛋白含量18.76%。较抗抗茎点枯病和枯萎病，抗倒伏能力较强。

适宜地区：湖北、江西、安徽南部、河南南部、湖南等芝麻产区。

14. 中芝18

品种来源：中国农业科学院油料作物研究所以（宜阳白×鄂芝1号）×中芝11复合杂交后经系统选育而成，2011年通过湖北省品种审定委员会审（认）定。

特征特性：属单秆型，三花、四棱。株高较高，生长势较强，茎秆、叶柄、蒴果茸毛量中等。茎绿色，成熟时呈青黄色。叶片中等大，花白色，蒴果中等大，成熟时呈青黄色，种皮白色、光滑，籽粒较大。品比试验平均株高164.0厘米，始蒴部位59.5厘米，主茎果轴长99.9厘米，单株蒴果数84.5个，每蒴粒数61.3粒，千粒重2.73克。生育期90天。

产量及品质表现：2007—2008年参加湖北省芝麻品种比较试验，两年平均亩产 59.10 千克，比对照种增产 13.22%，含油量 56.83%，蛋白含量 19.89%，较抗茎点枯病和枯萎病。

适宜地区：适于湖北省芝麻产区种植。

15. 中芝 21

品种来源：中国农业科学院油料作物研究所以 99-2188 宜阳白 × 湖北竹山白芝麻作母本，陕西扶风芝麻作父本杂交，经系谱法选择育成。

特征特性：单秆型，株型较紧凑，茎秆基部粗壮，生长势强；生长期间叶、茎、果色深绿，茎秆茸毛量较密较长，成熟时茎、果黄绿色且茎秆基部有紫斑，蒴果中等大小；每叶腋三花，花冠白色带粉；蒴果四棱，中等大小，种皮颜色纯白。区域试验中株高 162.3 厘米，始蒴高度 58.5 厘米，空稍尖 5.2 厘米，主茎果轴长度 98.7 厘米，单株蒴数 88.2 个，每蒴粒数 60.9 粒，千粒重 2.91 克，生育期 87.9 天。

产量及品质表现：2010 年参加江淮片芝麻品种区试，平均亩产 80.41 千克，比对照豫芝 4 号增产 5.72%，极显著；2011 年续试，平均亩产 74.29 千克，比对照增产 6.37%，极显著。两年平均亩产 77.35 千克，比对照豫芝 4 号增产 6.03%。2011 年生产试验平均亩产 72.84 千克，比对照豫芝 4 号增产 2.97%。含油量 55.16%，蛋白质含量 21.44%，茎点枯病发病率和病情指数分别为 9.22% 和 5.24，枯萎病发病率和病情指数分别为 2.71% 和 1.05，抗病耐渍抗倒伏能力较强。

适宜地区：适宜于湖北、陕西芝麻产区种植。

16. 郑芝 12 号

品种来源：河南省农业科学院芝麻研究中心利用复合杂交〔郑 48-2 × 父本（7801 × 襄 408）〕选育而成，2007 年通过河南省鉴定。

特征特性：单秆型，株高 155~180 厘米，叶色浓绿，花冠白色，叶腋三花，蒴果四棱，蒴长 3 厘米左右；单株蒴数 82 个，蒴粒数 62 粒；子粒白色，花纹细；千粒重 2.9~3.3 克；全生育期 87~91 天，属中早熟品种。

产量及品质表现：2001 年参加河南省芝麻新品种区域试验，平均亩产 99.99 千克，比对照增产 7.04%；2002 年参加河南省芝麻新品种区域试验，平均亩产 65.63 千克，比对照增产 14.00%；2003 年参加河南省芝麻新品种生产试验，平均亩产 35.73 千克，比对照增产 11.52%。粗脂肪含量 52.33%，粗蛋白含量

25.84%；高抗茎点枯病和枯萎病；抗旱、耐渍、抗倒性强，成熟时蒴果轻裂。

适宜地区：适河南省芝麻产区种植。

17. 郑芝 13 号

品种来源：河南省农业科学院芝麻研究中心利用复合杂交（9202×8808早）、多圃鉴定选择的方法育成，2009 年通过河南省鉴定。

特征特性：单秆型，株高 150~180 厘米，叶色绿，花冠白色、基部微紫，叶腋三花，蒴果四棱；单株蒴数 82 个，蒴粒数 62 粒；子粒白色，千粒重 2.9 克全生育期 87 天，属中早熟品种。

产量及品质表现：2005—2007 年参加大区鉴定试验、河南省芝麻品种区域试验和生产试验，3 年 21 点次，平均亩产 71.70 千克，比对照豫芝 4 号增产 20.16%。粗脂肪含量 56.96%，粗蛋白含量 20.92%；抗茎点枯病和枯萎病；抗旱、耐渍、抗倒性强，成熟时蒴果微裂。

适宜地区：适于河南省芝麻产区种植。

18. 郑芝 14 号

品种来源：河南省农业科学院芝麻研究中心利用复合杂交（郑芝 97C01×ZZM2871）和系谱法选择的方法育成，2009 年通过河南省鉴定。

特征特性：单秆型，株高 140~180 厘米，叶色浓绿，花冠白色、基部浅紫，叶腋三花，蒴果四棱；单株蒴数 80 个，蒴粒数 62 粒；子粒纯白，千粒重 2.7 克；全生育期 87 天，属中早熟品种。

产量及品质表现：2004—2008 年参加大区鉴定试验、河南省芝麻品种区域试验和生产试验，4 年 21 点次，平均亩产 72.02 千克，比对照豫芝 4 号增产 13.57%。粗脂肪含量 56.45%，粗蛋白含量 19.95%；高抗茎点枯病和枯萎病；抗旱、耐渍、抗倒性强，丰产性、稳产性好，成熟时蒴果微裂。

适宜地区：适于河南省芝麻产区种植。

19. 郑芝 15 号

品种来源：河南省农业科学院芝麻研究中心利用有性杂交（郑 91-0×郑芝 97S56）和系谱法选择的方法育成，2012 年通过河南省鉴定。

特征特性：单秆型，叶腋三花，蒴果四棱，生育期 88 天；株型紧凑，茎秆绿色，韧性强，茸毛较少，叶色浓绿，花冠白色；株高 160~180 厘米，始蒴高度 58 厘米；单株蒴数 88 个，蒴粒数 79 粒；子粒纯白，花纹轻，千粒重 2.9 克；

属中早熟品种。

产量及品质表现：2008—2009 年参加河南省芝麻新品种区域试验，平均亩产 64.41 厘米，比对照增产 5.63%；2010—2011 年参加河南省芝麻新品种生产试验，平均亩产 74.22 千克，比对照增产 12.74%。粗脂肪含量 58.66%，粗蛋白含量 16.70%；高抗茎点枯病和枯萎病；抗旱、耐渍、抗倒性强，丰产性、稳产性好。

适宜地区：适于河南省芝麻产区种植。

20. 漯芝 21 号

品种来源：漯河市农业科学院利用有性杂交（漯 12 为母本，郑芝 97C01 为父本）选育而成，2012 年通过国家农作物品种鉴定。

特征特性：单秆型白芝麻品种，叶腋三花，蒴果四棱，有茸毛。3 年国家区试（江淮片）汇总：株高 154.4 厘米，始蒴部位 53.3 厘米，空梢尖 4.7 厘米，主茎果轴长度 96.4 厘米，单株蒴数 81.1 个，每蒴粒数 62.3 粒，千粒重 3.00 克。夏播生育期 85 天左右，植株生长发育快，长势健壮，结蒴性好，成熟时茎秆为绿色，熟相好。

产量及品质表现：2010—2011 年参加全国芝麻区域试验，其中 2010 年平均亩产 80.70 千克，比对照豫芝 4 号增产 6.09%；2011 年平均亩产 75.05 千克，比对照豫芝 4 号增产 7.47%；2011 年参加国家芝麻生产试验，平均亩产 75.20 千克，比对照豫芝 4 号增产 6.30%。平均含油量 55.69%，蛋白质含量 21.25%。抗倒抗病，耐渍，丰产、稳产性好。

适宜地区：广泛适应河南、湖北、安徽、江西芝麻产区春、夏播种植。

21. 驻芝 18 号

品种来源：河南省驻马店市农业科学院以"驻 893"为母本，"驻 7801 优系"为父本，通过有性杂交选育而成，2009 年 6 月通过国家芝麻品种鉴定委员会鉴定。

特征特性：单秆型，苗期生长健壮，植株高大，一般株高 160~170 厘米，高产条件下可达 200 厘米以上。茎秆粗壮，植株叶片对生，下部叶片较大，叶缘浅裂，中部叶型为椭圆形，上部柳叶形，茎秆颜色至成熟一直为绿色，茎秆（蒴果）茸毛量中等，花为白色，籽粒灌浆速度较快，粒色洁白，纹路较细。植株上下结蒴均匀，始蒴部位一般为 50 厘米左右，黄梢尖 5 厘米左右，主茎果轴长

100 厘米左右，蒴果四棱，千粒重 2.7~3.2 克。夏播一般从出苗到初花 35 天左右，初花至终花 40 天左右，全生育期 85~90 天，属中早熟品种。

产量及品质表现：2007—2008 年参加全国（江淮片）芝麻品种区域试验、全国（江淮片）芝麻品种生产试验共 34 点次，总平均亩产 66.60 千克，比对照豫芝 4 号（亩产 61.29 千克）增产 9.06%，达到极显著水平。含油量为 57.89%，蛋白质含量为 19.28%，耐渍、抗倒、高抗茎点枯病和枯萎病，抗病毒病。

22. 驻芝 19 号

品种来源：河南省驻马店市农业科学院通过有性杂交（驻 975 × 驻 99141）选育而成，2011 年通过国家芝麻品种鉴定委员会鉴定。

特征特性：单秆型，叶腋三花，蒴果四棱，一般株高 150~170 厘米；植株叶片对生，下部叶片较大，中部叶型为椭圆形，上部柳叶形，成熟时茎秆、蒴果颜色为黄色，茎秆（蒴果）茸毛量中等，始蒴部位为 50 厘米左右，黄梢尖长 4 厘米，主茎果轴长 100 厘米左右，花色为白色，籽粒纯白，千粒重 3.15 克；夏播从出苗到初花 35 天左右，初花至终花 40 天左右，全生育期 83.5 天。

产量及品质表现：2009 年参加全国区试，平均亩产 87.95 千克，比对照豫芝 4 号增产 10.48%，居第 1 位；2010 年续试，平均亩产 79.75 千克，比对照增产 4.85%，达显著水平；2010 年参加生产试验，平均亩产 84.74 千克，比对照豫芝 4 号增产 7.39%，居参试品种第 1 位。含油量 54.71%，蛋白质含量 21.96%，耐渍、抗倒、抗病。

23. 驻芝 21 号

品种来源：驻马店市农业科学院以"驻 97077"为母本、"7823"为父本，通过有性杂交选育而成，2014 年 2 月通过国家鉴定。

特征特性：单秆型，株高 150~170 厘米，叶腋三花、蒴果四棱，植株叶片对生，始蒴部位为 46.2 厘米，黄梢尖长 4.7 厘米，主茎果轴长 105.9 厘米，单株蒴数 89.5 个，每蒴粒数 66.3 粒，花色为白色，籽粒纯白，纹路较细。千粒重 3.0 克，耐渍、抗倒、抗病，夏播从出苗到初花 35 天左右，初花至终花 40 天左右，全生育期 86 天。

产量及品质表现：2011 年参加全国芝麻区试，驻芝 21 号平均亩产 80.03 千克，比对照增产 14.60%，达极显著水平；2012 年继续参加全国区试，平均亩产

94.47 千克，比对照增产 15.20%，达极显著水平；2013 年参加全国生产试验，平均亩产 87.4 千克，比对照增产 5.59%。

适宜地区：适于河南、湖北等芝麻产区种植。

第五章

芝麻品种改良与繁育推广

一、芝麻品种改良目标与途径

芝麻品种改良的目标主要包括提高产量、改善品质、提高抗病虫能力、提高抗逆性和适应性、适宜机械化收获等。要实现这些目标，途径主要有引种、选种、育种。

1. 引种

（1）引种概念

广义的引种，是指把外地或国外的新作物、新品种或品系，以及研究用的遗传材料引入当地，主要用于遗传育种基础材料，可用作系统育种的原始材料或新品种选育的优良亲本。狭义的引种是指生产性引种，即引入能供生产上推广栽培的优良品种。如豫芝4号，自20世纪90年代开始，先后被湖北、安徽、河北等芝麻种植省份引种试种，得到大面积示范推广，创造了巨大的社会经济效益。

（2）引种原理

为了减少盲目性增加预见性，地理上远距离引种，包括不同地区和国家之间引种，应重视原产地地区与引进地区之间的生态环境，特别是气候因素相似性。

气候相似原理：20世纪初，德国人Mayr提出的气候相似论是引种工作中被广泛接受的基本理论之一。该理论的要点是，原产地地区与引进地区之间，影响作物生产的主要因素，应尽可能相似，以保证品种互相引种成功的可能性。各芝麻产区的气候因素如温度、降雨、日照等与产量的关系很大。我国同一芝麻产区内，气候条件大致相同，如夏芝麻产区的河南、湖北、安徽等同属北温带大陆性气候，芝麻生育期间高温多雨，各省、地间引种易成功。

生态条件和生态型相似性原理：作物优良品种的形态特征和生物学特征都是自然选择和人工选择的产物，因而他们都适应于一定的自然环境和栽培条件，这些与作物品种形成及生长发育有密切关系的环境条件成为生态条件。任何作物品种的正常生长，都需要有他们相应的生态条件，因此，掌握所引品种必需的生态条件对引种非常重要看，是引种获得成功与否的重要依据。一般来说，生态条件相似的地区引入品种是易于成功的。

注意不同地理纬度、地区品种的日照反应：芝麻属短日照作物，南种北移由于不能满足短日照要求而营养生长过旺，开花结实少，或推迟开花结实，甚至不能成熟而失收；北种南引则提早满足了芝麻短日照种性的要求，生育期缩短，发育快而营养生长慢，使植株显著变矮，产量明显降低。芝麻引种以近距离、纬度相差 3°～4°的地区引种为宜，这样不仅易于成功，而且还可在一定程度上利用优良品种的某些特性，如丰产性、抗病性、耐渍性等，增强对环境条件的适应性，从而发挥品种的增产能力。

适应各产区的耕作制度：不同耕作制度地区的引种，均需考虑引入后，品种的花期所需光照和温度是否与当地耕作制度相吻合。夏芝麻产区多为一年两熟制，主要是引进稳产、高产的新品种；一年一熟和两年三熟的东北和华北春芝麻产区，应引用早熟高产的良种；江南一年三熟晚芝麻产区，主要引进晚播早熟丰产的新品种；间种、套作应考虑单秆型、生育期短的品种。

（3）引种程序

引种并不是一项简单的工作，必须遵循引种的一般规律和一切经过试验的原则。为了保证引种效果，避免浪费和减少损失，引种采取"少量引种，多点试验，全面鉴定，逐步推广"的步骤，主要程序如下。

引种计划的制订和引种材料的收集：引种前应根据当地的相关发展产业的需要，结合当地自然经济条件、栽培条件以及现有作物品种存在的问题，确定所要引种的作物种类和品种。引种材料收集是必须分析其选育系谱、生态类型、遗传特性、产量水平和抗病虫能力等，然后从生育期上估计引入品种是否适合本地耕作制度。

引种材料必须严格检疫：因为引种将危害性病虫引入的惨痛事例在世界其他各国及我国曾多次发生。为防止危害性病虫害随着引入种子和其他材料而传入我国和引种地区，必须加强对引种作物和种子的检疫。

进行引种实验：包括观察试验、品种比较试验和区域试验、生产试验等。观察试验是将引进材料小面积试种，调查其生育特性及对本地条件的适应性。品种比较试验、区域试验是指经过 1~2 年的试种观察对表现优良的品种参加有重复试验的品种比较试验，在品比试验中表现优异的品种参加区域试验。

栽培性试验及示范推广：外来品种不一定适应本地区现有的栽培条件，根据品种特性进行栽培试验，做到良种良法一起推广。

（4）引种成功的标准

一是与原产地比较，不需特殊保护而能露地越冬、度夏，正常生长、开花、结实；二是所引品种保持原有的产量和品质等经济性状；三是能用原来的繁殖方式进行正常的繁殖。

2. 选种

选种又称选择育种，是指对现有品种群体中出现的自然变异进行性状鉴定、选择并通过品系比较试验、区域试验和生产试验培育农作物新品种的育种途径，是利用现有品种群体中出现的自然变异，从中选择出符合生产需要的基因型，并进行后续试验，无需人工创造变异。其要点是根据既定的育种目标，从现有品种群体中选择优良个体，实现优中选优和连续选优。如白芝麻"豫芝五号"（原名郑 27），此品种是从豫芝一号中选育出的芝麻品种。

3. 育种

（1）杂交育种

根据育种目标，将 2 个或以上有遗传差异、性状互补、生态类型不同的品种或材料进行人工杂交，在杂种后代中，一代一代地进行选择培育，以育成新品种。目前大部分芝麻新品种都是利用此方法选育而成。如襄阳市农科院选育的鄂芝 1 号、3 号、4 号、5 号、6 号、7 号和 8 号都是通过父母本杂交，经过多个世代选育而成。

（2）诱变育种

指用物理、化学因素诱导植物的遗传特性发生变异，再从变异群体中选择符合人们某种要求的单株，进而培育成新的品种 或种质的育种方法。如鄂芝 2 号是通过芝麻品系"82-408"经 6 万 Rγ 射线辐射诱变选育而成；中芝 11 号又名航芝 1 号，是以豫芝 4 号为亲本种子经太空环境诱变和地面系统选育而成。

（3）杂种优势利用

1945 年印度学者 Pal 首次揭示了芝麻的杂种优势现象以来，许多学者对此进行了大量研究，结果表明芝麻在产量方面的杂种优势普遍存在。在芝麻杂种优势的利用方面，1994 年河南省农业科学院育成世界上第一个二系芝麻杂交种"豫芝 9 号"，2002 年河南省农业科学院培育出强优势芝麻杂交种"郑杂芝 H03"。近年安徽省农业科学院又培育出"皖杂芝 1、2 号"和"合杂芝 1 号"，以及中国农业科学油料作物研究所培育的"中芝杂 1 号"。

（4）分子育种

指在经典遗传学和现代分子生物学、分子遗传学理论指导下，将现代生物技术手段整合于经典遗传育种方法中，结合表现型和基因型筛选，培育优良新品种。目前，芝麻分子育种研究主要包括分子 标记辅助选择育种和转基因育种。近几年，有关芝麻分子领域研究的报道越来越多，研究者们已开发出多种适用于芝麻研究的分子标记，如 RAPD、ISSR、AFLP、SSR 等，但这些标记目前主要用于芝麻的遗传多样性分析方面。

二、良种繁育技术

在农业生产中，选用优良品种和种植纯度高、质量好的种子是实现农业高产稳产的重要途径。一般认为，良种在农业增产诸因素中的作用占 40% 左右。优良品种通常包括两个含义：一是品种本身高产、稳产、优质、抗病；二是种子质量要好。质量是种子的生命，要生产出质量好的种子，必须搞好良种繁育技术的研究与改革。

良种繁育是品种工作中衔接品种选育和品种推广，推动种子产业化，促进农业生产发展的重要环节，其主要任务是大量繁殖优良品种的种子，防止品种退化，并保持品种的纯度和改善其种性，满足生产上对良种种子需要，以保证及时供应生产上所需要的高质量的良种种子，实现生产用种的定期更新。

在进行芝麻良种繁育开始前，一是应选好品种，即所繁育的品种应具备优质、高产、抗病等特性，适合当地种植和市场需要。二是选好制种地块。良繁地块应地势较高，土质深松，排灌方便，3 年以内不重茬。良繁田应相对集中。芝麻良种繁育技术有以下 4 种。

（1）二圃法

繁育技术程序为：单株选择、株行比较（株行圃）、混合繁殖（原种圃）。具体做法如下：第一年在丰产田进行单株选择。选择株形、叶形、开花习性、熟性、蒴果大小和形态等性状和原品种基本一致的单株。注意丰产性、优质性和抗逆性，选择生长势强、生产力好的单株。第二年建立株行圃，进行株系比较。将上年当选的优良单株顺序编号，每个单株视种子量的多少种 1 ~ 2 行，每隔 20 ~ 30 行种上 1 行原品种作对照，以便对比评选。在各个主要生长发育阶段，进行观察比较，收获时进行综合分析鉴定，表现不好的可全部淘汰，符合标准要求的作为当选株系，混合留种。其中表现特别优异的变异单株，要单独收获、贮藏，作为选育新品种的材料。第三年建立原种圃，混系繁殖。将上年通过鉴定比较后混合收获的种子播入原种圃，扩大繁殖。

"二圃制"的优点是方法简易，可较快地生产大量原种，适合农户和小型原种场自选留种。另外，此法可在提纯复壮的同时选出新品种。

（2）混合选择法

此法较上法简便，适合种植户采用。过程不作系统比较，只注意良种纯度高的地块，于成熟期前按其标准化要求，选择性状好、抗性强的典型单株混合脱粒，认真保存，供第 2 年种子田用。从第 2 年开始继续选择优株在种子田繁殖，其余去杂后供大田用种。

（3）块选法

这种方法更为简单，即在良种纯度高的地块中，严格去杂去劣，然后混收脱粒，单晒单藏，严防人为混杂，留作下年度用种。

（4）四级种子生产技术

芝麻四级种子生产程序为：育种家种子→原原种→原种→良种。育种家种子即该品种通过审定时由育种者直接掌握的原始种子。具有该品种的典型性，遗传稳定性，高纯度，世代最低，产量及其他主要性状符合审定时原有水平等特点。育种家种子由育种单位和育种者在专设的保种圃内选株自交，株行（系）鉴定，分系留种，混系供种。原原种是由育种者种子繁殖而来，具有该品种的典型性，遗传稳定性，高纯度，产量及其他性状和育种者种子相同等特点。原种是由原原种繁殖而来，遗传性状与原原种相同，产量及其他主要经济性状指标仅次于原原种。良种是由原种繁殖而来，遗传性状与原种相同，产量及其他主要经济性状指标次于原种。

　　在生产中应注意：芝麻怕涝，应选择地势高燥、地下水位较低、排水良好、土地肥沃、肥力均匀地块进行芝麻种子生产，并且要求土壤质地疏松，通透性好。切忌重茬，2次种芝麻的时间间隔应在3年以上。芝麻幼苗娇嫩、抗逆力弱，应在1对真叶期早间苗，3～4对真叶期定苗，盛花期打顶以促进植株生长和攻籽。原原种生产田，空间隔离应在1 000米以上，原、良种生产田空间隔离不少于500米。播种、收、脱、晒应严防机械混杂。

第六章

芝麻高产栽培技术

一、选地与整地

农谚有"小籽庄稼靠精耕，粗糙悬虚无收成"，芝麻种子细小，不能深播，因此芝麻要获得高产首先就要选好地块，精细整地。

1. 地块选择

芝麻对渍害、干旱、大风的抵抗能力较差，地势低洼、不保墒沙地、盐碱地（pH 值 > 7.5）、酸地（pH 值 < 6）、海拔高于 1 200 米地块不宜种植芝麻，在选地时应选择地势稍高，便于排灌的旱地或旱坡地；同时土层深厚，土质疏松，肥力中上，通风透气性好的土壤为最佳。

农谚中有"芝麻怕重茬，重茬易发瘟（病害）"，"倒茬如上粪"之说，因此农民朋友种植芝麻应轮作换茬，避免重茬地种植芝麻，一般间隔 2~3 年种一次芝麻。芝麻连茬种植会使病害加重。在芝麻生产的过程中，许多致病的病原菌如茎点枯病、青枯病、疫病等，都是在芝麻收割后，残留在土壤中越冬的。如果第二年重茬种植芝麻，这些病原菌就会成为重茬芝麻的侵染来源。若重茬时间越长，土壤中的病原菌就会越多，芝麻的病害也会越来越严重。受病害侵染，芝麻植株会出现发育不良、单株矮小，落花少蒴等病状，严重的甚至会发生大片凋萎死亡。

2. 整地

（1）春芝麻整地

在湖北省，春芝麻一般在 5 月上中旬播种。主要是利用冬闲地或油菜、越冬短季蔬菜等早茬作物种植。冬闲地整地，适当深耕有助于增产，一般耕深 30 厘米。一是深耕改良、加厚松土层，有利于芝麻根系发育，为土壤微生物的活动和繁殖创造了适宜的环境，加速土壤养分转化，使土壤有效养分增多；二是深耕疏松了底层土壤，提高了土壤渗透性，减少了地表径流，提高了蓄水能力，减轻了旱灾；三是深厚的松土层，减少了杂草和病虫危害。对于早茬作物，收获后及时整地，根据时间确定是否深翻。若土壤墒情好，则浅犁细耙；若墒情差，则不犁多耙。

（2）夏芝麻整地

在湖北省，夏芝麻播种一般在5月底至6月上旬，主要为麦茬芝麻。这个时候整地要突出一个"抢"字，前茬收获后立即抢播整地，趁墒早播。整地方式有三种：

一是时间允许且有条件的，在前茬作物收获后立即撒肥、犁地、耙地。深耕15~20厘米，不宜过深。如果过深，不但会翻出生土，土块不宜耙碎、耙实，而且易跑底墒，对出苗不利。耙地遍数根据土质和墒情而定，黏重土壤或墒情差的地块，要重耙、多耙，以土块耙碎、耙实、耙平为标准。墒情好或砂壤土、轻壤土地块，一般用钉齿耙或圆盘耙，各耙1遍即可。耕耙整地的好处是：能翻地松土，增加地温；掩埋底肥，提高肥效；减少杂草，中耕方便；土壤透气性好，提高土壤蓄水保肥能力。

二是旋（耙）耕整地。在前茬作物收获后，用旋耕机旋耕灭茬进行播种。灭茬的地块保墒、保苗效果好，杂草也较少。如果土壤疏松、墒足、无杂草，可以不灭茬，在前茬作物收割后，喷1遍除草剂后立即播种，可使种子很快发芽出苗，又无杂草为害。如果土壤墒情较差，为了抢墒播种，不误农时，也可采取不灭茬直接播种的方式。

三是"铁茬"播种，粗播精管。"铁茬"播种就是前茬小麦收获后，不再耕翻、犁耙，只要耙一下茬子，就直接播种芝麻。芝麻"铁茬"播种，可以将芝麻播期提早，比"犁耙"早播5~10天。由于播期提前，比较充分利用了光温条件，虽然种得比较粗糙，只要加强管理，仍可获得高产。

3. 沟厢配套

芝麻喜温、怕渍，农谚有"尺深芝麻怕寸深水""地里有了沟，芝麻能增收""一亩芝麻九条沟，你的不收我的收"等，在灌溉和防渍上，开花结蒴时间有"天旱收一半，雨涝不见面"的说法，这些都充分说明芝麻生产中开沟排水降渍是芝麻高产的重要措施之一。芝麻种植中必须注意防渍涝害，因为芝麻受渍后植株生理活性下降，极易遭病害侵袭，特别后期受渍，极易被风刮倒，影响产量。

开沟要点：深沟窄厢，厢面成龟背形，土壤疏松，上虚下实，做到三沟相通（厢沟、中沟、围沟），排灌方便，暴雨后田面上基本无明水。一般厢宽 2~3 米，沟宽 30 厘米，沟深 20 厘米；若是透水性好的轻壤或沙壤土，厢宽可加宽至 4~5 米，沟宽 30 厘米，沟深 20 厘米。

二、适时播种

1. 品种选择

选用芝麻品种应根据播种地区、播种时间、土壤肥力、管理水平等条件来选择适宜的品种，才能发挥芝麻品种的增产潜力。对于春播或地膜覆盖或水肥充足的地块，应选择丰产潜力大的中晚熟品种；麦茬夏播或丘陵瘠薄地的栽培条件下，应选用早熟品种为宜。

2. 播前准备

一是晒种。播种前 1~2 天，将种子放在阳光下，均匀暴晒。但不要在水泥地面或金属器具内晒种，以免高温杀伤种子。

二是选种。有风选和水选两种方式，是为了去除霉籽、秕籽、杂质等，选择粒大饱满、无病虫杂质的种子。

三是做发芽试验。随机取出 100 粒芝麻种子，先让种子吸足水分，然后在 25℃、湿润条件下使种子发芽，重复三次。发芽率达 90% 以上时，可按正常播种量播种。如果发芽率在 70% 以下，播种时要加大播种量或换播发芽率高的种子。

四是种子消毒，可有效杀死种子所带病菌，预防土壤中病源浸染。① 浸种：用 50℃ ~55℃ 温水浸种 10~15 分钟，或用 0.5% 硫酸铜水溶液浸种 30 分钟。② 拌种：用 0.1% ~0.3% 多菌灵或百菌清拌种。

3. 适宜播期

芝麻是喜温作物，其发芽、出苗要求稳定的适宜温度。芝麻发芽出苗要求的最低临界温度为 15℃，最适温度为 18~24℃。所以春芝麻在地下 3~4 厘米土壤温度稳定在 18~20℃ 时即可播种。"小满种芝麻，亩产一担八"，春芝麻一般在 5 月上中旬播种，夏芝麻播种受前茬作物收获的早晚影响，应抢时早播，一般在 5

月下旬至 6 月上旬播种，有利于争取较高的亩产。

4. 播种方式

播种方式分 3 种，分别是撒播、条播和点播。无论何种播种方式，浅播、匀播至关重要，播种深度控制在 2~3 厘米为宜。农谚有"芝麻头上两瓣叶，只怕深来不怕浅"，生动地说明了芝麻对播种深度的要求。

撒播：是传统的芝麻播种方式，适宜于抢墒播种。目前，我省芝麻主产区芝麻播种仍以芝麻撒播为主。撒播时种子均匀疏散，覆土浅，出苗快，但不易控制密度，不便中耕除草等田间管理。

条播：是用动力条播机、播种楼或人工开沟播种，能控制行株距，实行合理密植，便于间苗中耕等田间管理，适宜机械化操作。这也是目前及以后芝麻生产机械化发展的方向。

点播：适宜零星小面积田块，每穴 5~7 粒种子，易全苗和保证密度。

5. 播种量

芝麻播种时，每亩用种量与土壤墒情、肥力、管理水平、播种时间种植方式等有关。一般撒播为 400 克，条播为 350 克，点播为 250 克，一般亩播种量不超过 500 克。在土壤肥力高、病虫害少、墒情好的田块可适当少播；反之应加大播种量。

三、科学施肥

1. 需肥规律

芝麻是需肥较多的作物。一般每生产 100 千克芝麻，大致需肥量为纯氮 7~9 千克、五氧化二磷 2~3 千克、氧化钾 6~7 千克。但在实际芝麻生产中，施肥多少需要根据土壤肥力、栽培条件和品种特性等确定。施肥总的原则是：施足基肥、早施苗肥、巧施蕾肥、重施花肥。

2. 施足基肥

芝麻根系分布浅，基肥宜浅施，集中施，施在 10 厘米土层内最好，用量占总施肥量的 70% 左右。有条件的，可以以有机肥为主，配合施用一定量的氮磷钾肥。通常每亩施优质农家肥 2 000~2 500 千克、过磷酸钙 30~35 千克、钾肥 4~5 千克、尿素 4~5 千克。若无农家肥，可直接施用复合肥，一般每亩 30~40 千克。

3. 适时追肥

芝麻开花结蒴期间生长最为旺盛，此时吸收的养分占全生育期吸收总量的70%。追肥应以速效性氮肥为主，磷钾为辅，也可以施用充分腐熟的饼肥、猪粪、厩肥或堆肥。芝麻追肥应与中耕、抗旱浇水和田管等密切结合，采取开沟条施或穴施最好。若劳动力紧张，也可以在雨前，叶片无露水时进行撒施，切忌雨后将肥料撒在叶面上。

为了充分发挥肥效，及时满足各生育期植株对养分的需要，追肥应掌握"苗期早施、花前重施、花期补施、以肥促苗、一促到底"的原则。

（1）早施苗肥

在土壤瘠薄、基肥不足、幼苗生长瘦弱的情况下，应尽早追肥促苗，但用肥量要小，否则很容易引起高脚苗。苗期追肥应在定苗后进行，每亩可追尿素 2~3 千克。如果土壤肥沃、基肥充足、幼苗生长健壮，则苗期可不追肥。

（2）巧施蕾肥

芝麻现蕾到初花期，生长速度明显加快，此时若及时追肥就能促进花芽分化，提高结蒴数量。现蕾肥一般以氮肥为主，磷、钾肥为辅，一般每亩施尿素 6~8 千克。施肥时，对条播的可在距芝麻植株 10 厘米左右开沟条施或点施，施入 10 厘米深的土层中，以利根的吸收，施后覆土。天气干旱时，施后应喷水以充分发挥肥效。也可采用浇淋方法，即每亩用尿素 4~6 千克兑水 200 千克浇泼于芝麻蔸部。此外，对缺硼地区和缺硼土壤还应酌情增施硼肥。

（3）重施花肥

芝麻进入开花期生长最迅速，对肥的需求量急剧增加，此期吸收的营养物质占整个生育期间的 70%~80%。此期追肥既能减少芝麻黄梢尖和秕粒，还能增加千粒重。一般盛花期追肥宜早，分两次施入：初花后 10 天，每亩追施尿素 2~3 千克，结蒴后 10 天每亩应追施尿素 3~5 千克。为了满足盛花期对磷、钾肥的大量需求，可每亩用磷肥 2 千克、钾肥 1 千克，兑水 50 千克，混合后取其清液喷施，增产效果明显。

4. 叶面喷肥

叶面施肥是一种用量少、成本低、增产明显的有效施肥方法。芝麻叶面宽阔，密生茸毛，能较好地吸收和黏附肥液，适宜于叶面施肥。喷到叶面的营养物质，能快速通过叶面的气孔和浸润角质层而被吸收，参与植株的代谢作用。叶面施肥可较好地补充芝麻生长中后期植株对营养物质的需求，对增加蒴果数、提高粒重和种子出油率以及防止早衰等有较大的作用。叶面施肥在各生育时期均可进行，但以中后期为主，补充植株养分不足或营养不全。叶面施肥一般在初花期开始进行，选晴朗天气，上午 9：00—11：00 时或者下午 5：00—7：00 时，早晨喷肥因露水未干，叶片吸附力弱，中午气温高，日照强，蒸发快，喷施效益差。若喷施后未过 3 小时下雨，应在天晴时重喷一次。喷肥还可和农药混合使用，施肥、治虫两道工序一次完成。叶面喷施硼、磷、钾肥能显著提高产量，在始花和盛花初期喷施 1%~2% 尿素液或 1%~0.5% 磷酸二氢钾 1~2 次，增产效果明显；于花期叶面喷施 0.1% 硼肥和 0.3% 磷酸二氢钾混合液，可增加粒重；芝麻对锰肥比较敏感，常用锰肥有硫酸锰和 EDTA 螯合液，叶面喷施在现蕾前 7~10 天效果较好；铁肥主要是硫酸亚铁或螯合铁肥，施用铁肥以叶面喷施为宜，常用浓度为 0.1%~0.5%。

四、合理密植

合理密植是增加单位面积产量的有效途径。其作用主要在于充分发挥土、肥、水、光、气、热的效能，通过调节农作物单位面积内个体与群体之间的关系，使个体发育健壮，群体生长协调，达到高产的目的。确定芝麻的合理种植密度，必须从芝麻的品种特性、地力条件、施肥水平以及播种期等多方面的因素进行综合考虑。

1. 品种特性

分枝型品种密度要比单秆型品种小，多分枝型品种的密度要比少分枝型品种小。在同一类株型的品种中，植株高大、株型松散、长势强、生育期长的品种，其密度要比植株矮小、株型紧凑、生育期短、长势弱的品种小。早熟品种，因花期短，生育期短，单株蒴果数相对较少，密度可以稍大些；反之，晚熟品种密度稍小些。一般分枝型品种每亩 0.6 万 ~0.8 万株，单秆型品种 1.0 万 ~1.2 万株。

2. 土壤肥力和施肥水平

土质好、土层松厚、肥力较高的土壤，种植密度要大一些；反之，种植密度要小一些。对于施肥水平较高的丰产田，种植密度要稀一些。

3. 播种期

早播芝麻，生育期较长，植株比较高大，种植密度宜稀一些；晚播芝麻，生育期较短，植株较矮小，可适当加大种植密度。一般春播芝麻密度单秆型品种每亩 0.8 万 ~1.0 万株，夏芝麻单秆型品种每亩 1.0 万 ~1.5 万株。

五、田间管理

1. 苗期管理

芝麻苗期是指从出苗至现蕾，这是芝麻的营养生长时期。由于芝麻幼苗生长缓慢，苗期易受苗荒、草荒及病虫危害，因此苗期管理一定抓早，保证全苗、壮苗，为后期花蕾期生长打下基础，是增产、稳产的关键。

（1）间苗定苗

出苗后要进行"一疏二间三定苗"，在间苗时间上有"要想吃芝麻油，先破十字头"。第一次间苗在第 1 对真叶（大约出苗后 10 天左右）时进行，间苗标准是"五去五留"，即去弱苗，留壮苗；去小苗，留大苗；去密苗，留匀苗；去杂苗，留纯苗；去病苗，留健苗。间苗距离以定苗距离的 1/2 为宜。第二次间苗是在第 2~3 对真叶时进行并预定苗；第四对真叶时定苗，定苗时间不宜过早，特别在病虫害严重时，要适当增加间苗次数，待幼苗生长稳定时，再行定苗。

（2）中耕除草

中耕对促进芝麻生长和高产有显效，芝麻开花前，一般应中耕三、四次。幼苗长出第 1 对真叶时进行第一次中耕，中耕宜浅不宜深，以除草保墒为主，防止过深伤根。第二次中耕，是在芝麻长出 2~3 对真叶时进行，深度 5~6 厘米为宜。第三次中耕宜在 5 对真叶时进行，深度可加深到 8~10 厘米。芝麻开始开花时，结合培土进行第四次中耕，有利于保墒、防倒和排水防涝。中耕做到雨前不锄，雨后必锄，有草就锄，经常检查拔除株边草，封行后停止。

2. 中期管理

花期生长加快，营养生长与生殖生长并进，此时对水分比较敏感。芝麻虽然是耐旱作物，但过于干旱对芝麻生长影响较大，易造成芝麻落蕾、落花，植株矮小，产量降低。如果在晴天下午发现植株叶片有萎蔫现象，应在傍晚前后及时浇水，避免大水漫灌，防止因干旱造成芝麻生长停滞。芝麻开花后最怕水渍，如果土壤水分过多，会使蕾花大量脱落，秕粒增多，严重时发生烂根枯死。因此，雨季来临之前，应做好田间排水工作，雨停后要及时排水，确保雨后田间无积水。

3.后期管理

在芝麻生长后期，适时打顶能抑制后期顶端生长，减少无效蒴果，防止养分无效消耗，使植株体内养分得到重新分配，延长绿叶功能期，以便集中营养供粒增重，减少空梢。在芝麻盛花期后，主茎顶端叶节簇生，近乎停止生长前，茎秆顶端刚冒尖时进行打顶。摘早了，影响开花结蒴数，打晚了，起不到摘心作用。摘心宜在晴天进行，摘小顶，以 3~4 厘米为宜。

六、收获及脱粒

植株由浓绿变为黄色或黄绿色，全株叶片除顶稍部外几乎全部脱落，下部蒴果种子充分成熟，种皮均呈现品种固有色泽，中部蒴果灌浆饱满，上部蒴果种子进入乳熟后期，下部有 2~3 个蒴果轻微炸裂时即可收获。春芝麻一般在 8 月中下旬成熟，夏播芝麻在 9 月上旬可以收获。

芝麻成熟收获时间还与施肥量、种植密度、品种特征特性等有关。一般施量少、施肥时间早的地块芝麻成熟早，反之则迟；密植比稀植成熟早；早熟品种成熟早。另外，对遭受病害或旱涝灾害影响而提前枯熟的植株，应分片、分棵及早收获。

芝麻成熟后，应该趁早晚收获，避开中午高温阳光强烈照射，减少下部裂蒴掉子或病死株裂蒴造成的损失。目前，芝麻主产区的芝麻收获方法，绝大多数采用人工镰刀割刈法，个别零星产区也有用手拔的。在尚未应用机械化收获之前，一般以镰刀轻割较好。因为手拔不仅效率低，且根部带有泥土，脱粒时籽粒容易混入碎土。收获部分提前裂蒴植株时，必须携带布单或其他相应物品，以便随割随收打裂蒴的籽粒，以减少落籽损失。镰刀刈割一般在近地面 3~7 厘米处斜向上割断，割取植株束成小捆，以 20 厘米直径的小束（约 30 株左右）为宜，于田间或场院内，每 3~4 束支架成棚架，各架互相套架成长条排列，以利曝晒和通风干燥。

当大部分蒴果开裂时，进行第一次脱粒。一般倒提小束，两束相撞击，或用木棍敲击茎秆，使子粒脱落，而后再将束捆棚架。如此进行 3~4 次，可以基本脱净。因小捆架晒未经闷垛脱粒，按上述脱粒方法有时不易脱净。目前，国内摸索出"反弹脱粒法"，即在常规的脱粒之后，再倒提茎秆敲击茎秆，使剩余子粒借反弹作用从蒴壳中脱出，达到丰产丰收。

七、芝麻高产栽培配套技术集成

1. 麦茬芝麻免耕直播高效栽培技术

湖北省芝麻种植多为麦茬夏播芝麻。小麦茬后种植芝麻因播种适宜期短、播种易受降雨或干旱等不良天气影响，抢时播种、出苗保苗等问题突出。免耕直播技术可缓解夏芝麻播期时间和种植劳力紧张，播种时期提前 5~7 天。

（1）地块选择

选择地势较高，土层深厚，肥力中上，杂草少的非重茬地；小麦收获时留茬高度低于 20 厘米，有利于芝麻播种和幼苗生长。

（2）品种选择

选择抗病高产芝麻品种，播前将种子晾晒 1~2 天，用 0.1%~0.3%多菌灵或百菌清拌种。

（3）适墒播种

麦茬芝麻播种时间以 5 月下旬至 6 月上旬为宜。麦收后墒情适宜，及早播种；墒情不足，灌溉播种。播种深度以 1~2 厘米为宜，亩播种量 0.3~0.4 千克。

（4）合理密植

高肥水条件下密度每亩 1.0 万~1.2 万株，一般田块每亩 1.2 万~1.5 万株；播期每推迟 5 天播种，每亩密度增加 2 000 株。

（5）加强田管

苗期田间管理尤为重要，视芝麻田间长势情况进行追肥，花期避免芝麻落蕾落花、倒伏、病渍害等发生。

（6）及时防治病虫害

苗期注意地老虎危害幼苗，花期注意预防病害。

2. 芝麻机械化种植技术

芝麻属于传统种植作物，机械化程度低，生产成本高，收益相对较低。芝麻生产难以实现机械化，主要原因有两点。

一是机械播种方面：芝麻种子小，播种量的控制难度较大；种子贮存养分少，要求整地质量高；我省芝麻主产区土壤质地多黏重，整地质量不易保证。目前，能满足作物机械播种要求的机械还处于引进、开发、试验和推广阶段，主要通过改制小麦、玉米等作物播种机械，芝麻专用播种机械对土壤质量要求高，难以满足生产要求。

二是机械收获方面：现有芝麻品种花期长，成熟不一致；蒴果易开裂，机械操作损失大；植株高大、招风，茎秆易倒伏；主产区收获时节雨水多，种子沾在果壳上，壳籽不易分离。

近年来，通过芝麻产业技术体系平台的建设，我省芝麻研究单位系统开展了芝麻机械化生产技术的探索和研发，通过技术集成与示范，形成了芝麻机械种植技术模式，初步实现了芝麻播种、除草、打药、收割等全程机械化。这也标志着芝麻生产正在从以前的"全人工作业"逐步过渡到机械化时代。

（1）芝麻机械播种

一是采用市场上播种小麦、水稻等的条播机，播前用芝麻和细土按 0.3 千克∶30 千克的比例混合，拌均后装入播种器，实现旋耕、施肥、播种、开沟、镇压一次性完成。二是选用芝麻专用播种机械，豪丰旋耕施肥开沟小籽粒播种机，型号 2BXGF-6（200），配套 70~90 马力拖拉机。三是青岛农业大学研制出的 6 行芝麻精量播种机。

（2）芝麻无人机田间管理

植保无人机作为绿色防控工作的新成员，具有作业高度低，药量飘移少，防治效果高，喷洒作业安全性好等诸多优点。另外，利用植保无人机飞防，可以减少约 50% 的农药使用量，节约 90% 的用水量。在芝麻播后芽前的除草、苗期虫害的防治和花期病虫害的防控上，目前已有不少无人机的身影出现。

（3）芝麻机械收获

芝麻机械收获目前实现了突破，从分段收割打捆到收割脱粒一次性完成。① 芝麻割捆机分段收获：第 1 段，田间芝麻成熟时采取机械收割打捆，就地架晒；第 2 段，人工脱粒。② 收割脱粒一次性完成：中油所芝麻与特色油料创新团队研制出得联合收割机可以将芝麻迅速吞进收割机，粉碎后的秸秆从尾部吐出回田，脱粒、清选后的芝麻子则储存在收割机上的存放箱里。

3.间作套种模式

间作套种也可称为立体农业，是指在同一土地上按照一定的行、株距和占地的宽窄比例种植不同种类的农作物，是充分利用种植空间和资源的一种农业生产模式。一般把几种作物同时期播种的叫间作，间作作物的共生期至少占一种作物的全生育期的一半；不同时期播种的叫套种。芝麻间作、套种、混作，能充分利用空间和地力，发挥多种作物的增产优势，可使粮—油、油—油、油—菜双收，增加经济效益。

（1）麦垄套种芝麻

麦垄套种芝麻，一般比小麦收获后播种芝麻提早 10~15 天，既延长了芝麻营养生长期，充分利用了生长季节和温、光、水资源，也缓和了小麦收获后种芝麻时的劳力紧张的问题。麦垄套种芝麻需注意：① 选择矮杆、早熟丰产的小麦品种。种植方式由 19.5 厘米行距改为 26 厘米和 13 厘米宽窄行。在小麦栽培中，控制水肥，实施化控技术，防止小麦倒伏，并且采用化学除草技术，消灭麦田杂草。② 确定套种适宜播期，一般在麦收前 10~15 天。采用人工分垄，开沟播种，在墒情充足时条播种子每亩 0.5 千克，麦收后每亩留苗 1.0 万 ~1.2 万株。③ 收麦后及时管理，早灭茬、中耕，及时查苗补苗，早施提苗肥，干旱时浇保苗水，促苗早发快长，打好丰产基础。

（2）大豆套种芝麻

不同试验研究表明，大豆和芝麻配比采用 6：2、3：1 和 3：3 方式可以获得相对较高的收益。即 6 行大豆套种 2 行芝麻，3 行大豆套种 1 行芝麻，3 行大豆套种 3 行芝麻。在大豆和芝麻配比为 6：2 和 3：1 的方式中，芝麻株距为 18~20 厘米，每亩留芝麻苗 0.2 万 ~0.3 万株左右。在大豆和芝麻配比为 3：3 的方式中，大豆和花生种植密度均为每亩 0.6 万株。

第七章

芝麻病虫草渍旱害的发生及绿色防控技术

一、芝麻主要病害及防治

据农业科研部门多年试验示范、调查统计和查阅资料，本地病害主要有茎点枯病、枯萎病、疫病、青枯病、立枯病、白粉病、黑斑病、褐斑病、棒孢叶斑病、病毒病、疫病和细菌性角斑病等。

1.芝麻茎点枯病

（1）主要危害

此病属真菌性病害，又称芝麻茎腐病、茎枯病、茎点立枯病、炭腐病、黑根疯、黑秆疯等，在世界各芝麻产区均有分布，是影响芝麻生产最主要的病害之一。

发病后，茎秆发黑，着生很多黑点，造成大风、雨后植株倒伏。湖北为危害较重的地区，一般发病率为 10%~20%，严重的达 60%~80%，甚至成片枯死。一般年份减产 10%~15%，千粒重损失达 4.27%~10.68%，单株产量损失达19%~100%，含油量下降 4.2%~12.6%，严重的全部枯死，减产达 80%至绝收。

（2）主要症状

芝麻一生可发此病，但主要有 2 次危害高峰期：一次是出苗 3~7 天至现蕾期；另一次是封顶至成熟期，其他时期发病较轻。主要为害植株的根、茎及蒴果。发病症状是：播种后到出苗前可引起烂种、烂芽。幼苗期发病，子叶变黄，根部先呈水浸状变褐腐烂，随后地上部萎蔫枯死，在茎秆上散生出许多黑色小点（分生孢子器和小菌核）。开花后发病，多从植株根部或茎基部开始出现褐色斑点腐烂，而后向茎秆上部扩展，有时病菌也可直接侵染茎秆中、下部。根部感病后，主根和侧根逐渐变褐枯萎，皮层内布满黑色小菌核。茎部感病初呈黄

褐色水渍状梭形斑点，病斑边缘与健
全组织交界处无明显的界线，条件适
宜时，病部很快发展为绕茎大斑，病
斑变为黑褐色，后期病部中央变为银
灰色，有光泽，其上密生针尖大的许
多黑色小点（分生孢子器和小菌核）
（图7-1），群众据此病症称茎点枯病为
"黑杆疯""黑杆病"等。蒴果感病后
呈黑褐色枯死状，无光泽，有时也能
产生黑色小点。种子感病后表面也散
生出许多黑色小点（小菌核）。病株较
正常植株稍矮，叶片由下而上逐渐发
黄变黑褐色，卷缩萎蔫下垂，不脱落，
植株顶端弯曲下垂。轻病株仅部分茎

左　　　　　右

图 7-1　芝麻茎点枯病初期（左）和
后期（右）症状（刘红彦　提供）

秆或枝梢枯死，严重时整株枯死。由于病株根、茎的皮层、韧皮组织腐烂，仅剩
下纤维，失去了输导作用，不能吸收水分和养分，茎中髓部呈中空状，茎极易折
断（图7-2）。病菌所侵染到的根、茎和蒴果内的隔膜、胎座和种子，成了第2
年的侵染源。

图 7-2　开花结果期茎秆髓部中空倒伏症状（刘红彦　提供）

（3）侵染发病规律

病菌以小菌核在土壤、种子和病残株上越冬。第二年播种后，萌发的种子可刺激菌核萌发。小菌核长出菌丝侵入幼苗、子叶、幼芽、幼茎，导致烂种、烂芽和死苗。病苗长出分生孢子器，吸水后，由孔口涌出大量孢子，通过风、雨传播，侵入芝麻其他部位，引起茎秆、蒴果发病。在病株上再次形成分生孢子器→分生孢子→再次传播。反复多次传染，到芝麻成熟期发病达到高峰。茎点枯病的病菌是弱寄生菌，健状植株不易被侵害。

（4）防治方法

芝麻茎点枯病是一种顽固性病害，小菌核在土壤中可存活 2 年，病原菌致病力强，寄主范围广，菌源存在广泛，是一种较难防治的病害。在防治上应以农业防治为主，辅以药剂防治，采取综合防治的策略。

一是农业防治。首先要轮作倒茬，选用 3~5 年未种过芝麻的地块种植芝麻，病田要与禾本科作物水稻、小麦、玉米、谷子以及棉花、甘薯等较抗病的作物实行 3 年以上轮作，可减轻重茬造成的危害；其次要因地制宜地选用抗病良种；最后要加强田间管理，精耕细作，改良土壤，增施有机肥，注意排渍，为芝麻生长发育创造良好条件，增强抗病能力而减轻病害。

二是物理防治。收获前从无病田或无病株选留种子；收获后彻底清理病株残体，降低病原菌在土壤中的数量；播种前对种子消毒。用 55~56℃温水浸种 30 分钟或 60℃温水浸种 15 分钟。

三是化学防治。种子包衣或药剂拌种：播前采用 25% 噻虫·咯·霜灵悬浮种衣剂（迈舒平）包衣，用量为种衣剂 4 毫升兑水 50 毫升稀释后拌种 1 千克，种子均匀包衣后将置于通风处，摊开晾干后及时播种，或播种前用 50% 多菌灵 18 千克 / 公顷拌适量细土撒入播种沟内，可预防和减轻茎点枯病发生。药剂防治：苗期可用 28% 井冈·多菌灵 180~200 毫升 / 亩喷洒 1 次；花期以后可用 32.5% 苯甲·嘧菌酯悬乳剂 40 毫升 / 亩或 25% 戊唑醇可湿性粉剂 30 克 / 亩喷雾。为有效降低残留，建议每个生长季节每种药剂限用 1 次，且尽量减少用药次数和剂量。

2.芝麻枯萎病

（1）主要危害

芝麻枯萎病属世界性芝麻主要病害，是一种发生普遍、危害严重的真菌性

病害，最早于 1950 年在北美发现。芝麻
枯萎病是我国芝麻主要病害之一，俗称半
边黄或黄死病，湖北各芝麻主产区均有发
生。一般发病率为 5%~10%，严重地块高
达 30% 以上。苗期发病造成缺苗，后期
发病可导致植株过早落叶、枯死，早熟、
炸蒴落粒，严重时可导致绝收，对产量和
籽粒品质有较大的影响（图 7-3）。

图 7-3 芝麻枯萎病（苗红梅 提供）

（2）主要症状

各生育期均可感病，以苗期和成株期
发病较重。苗期表现为植株根、茎、叶发
育受阻，叶片萎蔫卷曲或褪绿变黄；有时
茎部或根茎交接部出现明显缢缩；根红褐
而短，最终表现为幼苗整株猝倒枯死。成株期表现为发病初期，叶片由下向上逐
渐枯萎，与芝麻青枯病的凋萎顺序恰恰相反，叶片半边变黄（俗称"半边黄"），
下垂卷曲，并逐渐萎蔫、枯死、脱落；茎部半边或全部维管束受导管阻塞及病菌
分泌毒素的毒害变褐，病株根部半边或全部组织表现为红褐色。在发病严重、环
境潮湿的情况下，病株茎秆一侧常出现纵向扩展的褐色或暗褐色长条斑，后期茎
秆干枯，表面有粉红色粉末或霉层，半边或全部蒴果变小、早熟、干枯、炸裂、
脱粒，籽粒瘦瘪发褐，多数不能正常成熟（图 7-4）。

   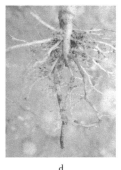

a   b   c   d

a-部分叶片表现"半边黄"，镰刀状；b-维管束变红褐色；c-茎秆上长出粉红色霉层，蒴果炸裂；
d-部分根组织变红褐色
图 7-4 芝麻枯萎病主要症状（苗红梅 提供）

（3）侵染发病规律

该菌的寄主仅限于芝麻，有不同株系变异，病菌在土壤、病株残体内越冬，在土壤中可存活 6 年以上。种子亦可带菌，播种带菌种子，可引起幼苗发病。病菌主要通过根毛、根尖和伤口侵入，也能侵染健全的根部，通过根系侵染，引起维管束发病。一般连作芝麻地、土壤肥力差、田间湿度大、过多施用氮肥等有利于病害发生流行。湖北各主产区一般于 7 月上旬（2~4 对真叶）开始发病，7 月下旬至 8 月上旬为发病盛期，植株主要发病时期为苗期以及初花期到终花期。芝麻收获后，病菌又在土壤、病残株和种子内外越冬，成为初侵染源。

（4）防治方法

一是选用抗病耐渍优良新品种。

二是选用 3~5 年未种过芝麻的地块，与甘薯、小麦、玉米等轮作倒茬或间作套种，可减轻病害。

三是加强田间管理，注意排渍，避免因渍害、干旱等造成发病；及时拔除病株，减少病害发生几率；合理施肥，底肥为主，轻追氮肥，辅之以磷钾叶面肥 1~2 次。

四是生物防控和化学防治。播前用 25g/L 咯菌腈、55%（50% 多菌灵 +5% 氟硅唑）杜邦升势等拌种，或使用解淀粉芽孢杆菌制剂等生物型杀菌剂，进行拌种或土壤处理，降低苗期发病几率；在病害发生初期，特别是雨前湿度大时及时使用 50% 咪酰胺锰盐、80% 戊唑醇、25% 嘧菌酯、50% 多菌灵或 70% 甲基硫菌灵，防控 1~2 次，兼治多种真菌性叶部病害；在阴雨天气（在雨前或雨停后）和发现零星轻发病株时，要及时喷药预防。两次喷施间隔时间为 10 天左右。

3. 芝麻青枯病

（1）主要危害

此病属细菌性病害，在我国芝麻主产区都有发生，其中南方芝麻产区发病较普遍，危害严重，湖北是发病危害较重的地区之一。常年发病率 10%~15%，严重田块病株率可达 50%~70%，一般减产 10% 以上，病重地块芝麻常出现成片死亡现象。随着耕地日益紧张，旱地轮作年限缩短，芝麻青枯病呈逐年加重趋势。群众称此病黑茎病、芝麻瘟等。

（2）主要症状

芝麻青枯病为典型的维管束病害，从苗期至成熟期均可发生，一般多在初花期始病，以盛花期发病最重。发病初期茎顶端先出现萎蔫，而后整株呈失水状，并出现暗绿色水浸状病斑，以后逐渐加深，形成湿黑褐色条斑，顶梢常有 2~3 个梭形溃疡状裂缝，病株叶片从顶部向下萎蔫（初发时白天萎蔫，晚上恢复），老叶挂垂，继而全株死亡；根部和茎部维管束变为褐色，最后蔓延至髓部，造成空洞，病部茎秆表皮下常可见泡状隆起，破损时常流出乳色菌脓，干燥后变为漆黑亮晶颗粒；叶片发病时病叶病斑初呈灰绿色水浸状，继而转为黄褐色至褐色，叶脉呈墨绿条斑，有时纵横交错，结成网状，迎光透视，其中心呈油渍状，叶背面脉纹黄色突起呈波浪形扭曲，最后病叶褶皱，变褐枯死（图 7-5）。蒴果受害部位初呈水渍状病斑，并逐渐变为深褐粗细不同的条斑，病蒴瘦缩，蔓延至种子，使种子变成红褐色，瘦瘪不能发芽。

图 7-5 芝麻青枯病症状（刘红彦 提供）

（3）侵染发病规律

青枯病菌属喜温细菌，病菌在土壤中可存活 3~5 年，主要在土壤、病株残体、用病残体制作的堆肥及杂草寄主等处越冬，成为翌年的初侵染源。病菌主要随通过流水（雨水、灌溉水）、人畜、农具和昆虫等媒介物传播。病菌自根、茎伤口或自然孔入侵，通过皮层组织而侵入维管束，在维管束内繁殖并分泌毒素致使植株失水萎蔫，然后传到全株，引起死亡。一般土温度达到 13℃左右时就可以侵染，气温在25~30℃时进入发病高峰期，久雨后晴，时晴时雨最易发病，群众称煮死。因此，高温、高湿是诱导该病暴发的主导因素。

（4）防治方法

一是合理轮作。芝麻与水稻隔年或隔2年轮作，基本能控制此病的发生；旱作区与非豆科、非寄主作物如红薯、小麦、玉米等轮作，也可减轻病害；重病田要实行4~5年以上的轮作，轻病田可实行2~3年的轮作。

二是选用抗病品种，改良土壤，增施有机肥和钾肥，注意排渍，及时防治地下害虫，能为芝麻生长发育创造良好条件，增强抗病能力而减轻病害。

三是药剂防治。在发病初期可选用72%农用硫酸链霉素2 000倍液与其他药剂混合喷雾，若只有青枯病发生时，可采用20%龙克菌（噻菌铜）或20%噻唑锌500倍液防治。

4. 芝麻立枯病

（1）主要危害

此病属真菌性病害。是苗期常见的重要病害，分布广泛，我国芝麻产区都有发生，以南方产区发生较重。特别是芝麻播种后1个月内，如遇降雨多、土壤湿度大，常引起大量幼苗死亡。

（2）主要症状

主要危害茎基部和根部，通常从幼苗茎基部开始发病，茎地下部一侧出现黄色至黄褐色条状病斑，逐渐凹陷腐烂，严重时扩展到茎四周，最后病部缢缩呈线状，幼苗从地表处折倒枯死或整株萎蔫而死苗（图7-6）；病菌侵染根系，引起根系腐烂。

图7-6 芝麻立枯病症状（刘红彦提供）

（3）侵染发病规律

主要发生在芝麻苗期，低温、高湿、土壤板结、积水条件有利于发病。病菌以小菌核在土壤、种子和病残株上越冬，第2年播种后，萌发的种子可刺激菌核萌发，小菌核长出菌丝侵入幼苗、子叶、幼芽、幼茎，导致烂种、烂芽和死苗。芝麻出土后至2~3对真叶期，如遇低温、降雨多、土壤湿度大时极易发病而导致幼苗大量死亡，造成缺苗断垄。春芝麻播种过早和土壤湿度过大时，往往发病也较严重。

（4）防治方法

一是农业防治：清理病株残体，轮作倒茬，选用 3~5 年未种过芝麻的地块种植，与水稻、小麦、玉米等轮作；精耕细作，改良土壤，增施有机肥，注意排渍；选用抗耐性强的品种。

二是生物防治：用 55℃ 温汤浸种消毒 10~20 分钟，晾干播种；利用生防菌木霉进行土壤处理，能够显著提高芝麻植株成活率，增加种子产量。土壤处理的防病效果要好于种子包衣处理。

三是化学防治。每亩可用 70% 敌克松可湿性粉剂 1 千克，加细土 30 千克，拌匀制成药土，播种前撒施。播种前用种子重量 0.2%（有效成分）的 50% 多菌灵可湿性粉剂、70% 甲基托布津可湿性粉剂或 50% 福美双粉剂拌种。田间发病初期，可用 70% 敌克松可湿性粉剂 1 000 倍液，50% 多菌灵可湿性粉剂 800~1 000 倍液，75% 百菌清可湿性粉剂 600~700 倍液，20% 甲基立枯磷乳油 1 200 倍液喷雾防治，重病田间隔 7 天喷洒 1 次，连续施药 2~3 次，有较好的预防和治疗效果。

5.芝麻叶枯病

（1）主要危害

在我国各芝麻产区均有发生。主要危害芝麻叶片，在叶片形成病斑，严重时可引起叶片枯死，同时侵染芝麻叶柄、茎秆和蒴果，使叶片提早脱落，病株芝麻种子瘦秕，千粒重降低。蒴果染病易提前开裂，收获前遇刮风及收获时容易落粒，造成产量损失。

（2）主要症状

芝麻叶片、茎秆和蒴果均可发病。叶片染病之初产生暗褐色近圆形至不规则形病斑，大小 4~12 毫米，具不明显的轮纹，边缘褐色，上生黑色霉层，严重的叶片干枯脱落。叶柄、茎秆染病产生梭形病斑，后变为红褐色条形病斑。茎秆上病斑从小斑点到凹陷、暗褐色大病斑（40 毫米 × 30 毫米），有时候愈合。蒴果染病产生红褐色稍凹陷圆形病斑，大病斑可覆盖蒴果。该病扩展迅速，芝麻生长后期遇连阴雨，仅 20 天左右即可蔓延全田引致大量落叶，对产量影响很大（图 7-7）。

左 右

图7-7 芝麻叶枯病叶片（左）和蒴果（右）症状（杨修身提供）

（3）侵染发病规律

芝麻叶枯病病菌随病残体组织遗留在土壤中或附着在种子表面越冬，成为翌年发病的初侵染源。越冬菌源在适宜条件下产生分生孢子，随风雨传播，侵染芝麻。夏芝麻叶枯病发生进程可分为3个阶段。始发期：从7月上、中旬（3~4对真叶）始见病株，至7月下旬、8月上旬（现蕾~初花）病株率饱和。普发期：从7月下旬到8月下旬（封顶）病叶率饱和。盛发期：8月底病叶率饱和到芝麻成熟，病害全面发展，严重度迅速上升达最高，叶片枯死脱落。从发病进程可见，病害始发期菌源量最小，病叶多在植株下部，中上部叶片尚未受到侵染，是药剂保护的有利时机。降雨对芝麻叶枯病发生流行的影响最明显，芝麻初花期和盛花期两个阶段降雨量大，尤其是多日连阴雨，空气湿度大，有利于病菌侵染，病害发展快、发生重；此段时间降雨少、天气干旱，则不利于病害发生，病害发展缓慢，危害较轻。

（4）防治方法

一是农业防治。① 选择种植抗病芝麻品种，在芝麻生产和育种过程中，注意观察选择芝麻叶枯病发生较轻的品种。② 合理密植，在芝麻播种和定苗时，要做到合理密植，减少芝麻行间郁蔽，可减轻病害发生。③ 加强田间管理，科学施肥，注意氮磷钾肥配合使用，避免过量使用氮肥，增施有机肥料，提高植株抗性；遇旱时以小水轻浇，切忌大水漫灌；遇涝及时排水，降低田间和土壤湿度。④ 在多雨易涝地区和排灌不畅低洼地块实行起垄种植，减少渍涝灾害和病害发生。

二是化学防治。在发病初期，可选用 50% 多菌灵可湿性粉剂 600 倍液、70% 甲基托布津可湿性粉剂 800 倍液、25% 戊唑醇可湿性粉剂 3 000 倍液、12.5% 烯唑醇可湿性粉剂 3 000 倍液或 25% 嘧菌酯悬浮剂 1 000 倍液对芝麻叶面及茎秆进行喷施保护。一般年份夏播芝麻在 7 月下旬和 8 月上旬各喷施一次，防病增产效果显著，多雨年份应在 8 月下旬增加喷施一次。喷药时注意茎秆和叶片正反面全部喷到。

6. 芝麻白粉病

（1）主要危害

芝麻白粉病分布十分广泛，在我国各芝麻产区均有发生，但一般危害不大。在南方多发生在迟播芝麻或秋芝麻上。

（2）主要症状

该病害危害芝麻叶片、叶柄、茎秆、花及蒴果。叶表面生白粉状霉层，严重时白粉状物覆盖全叶，致叶变黄，影响植株光合作用，使植株生长不良，严重时致叶片枯死脱落，病株先为灰白色，后呈苍黄色。茎秆、蒴果染病亦产生类似症状。种子瘦瘪，产量降低（图 7-8）。

左 右

图 7-8 芝麻白粉病初期（左）和后期（右）症状（刘克钊提供）

（3）侵染发病规律

该病在本地终年均可发生，无明显越冬期。降水量大、湿度高、夜间温度低有利于病害发生流行。本地产区，多在芝麻生长后期发病，气候凉爽有利于病害的发生。土壤肥力不足或偏施氮肥，易发病。

（4）防治方法

一是农业防治：适期早播早熟品种；选用抗病品种；合理间作；加强栽培管理，注意清沟排渍，降低田间湿度；增施磷钾肥、避免偏施氮肥或缺肥，增强植株抗病力。

二是物理防治：做好土壤清洁及田间卫生，芝麻收获后，销毁芝麻病株残体和其他寄主植物残体。

三是化学防治。发病初期，及时喷洒 25% 三唑酮可湿性粉剂 1 000~1 500 倍液或 40% 氟硅唑乳油 8 000 倍液。

7.芝麻黑斑病

（1）主要危害

芝麻黑斑病又称链格孢叶斑病，在我国各地芝麻产区均有发生。该病侵染芝麻叶片和茎秆，严重影响芝麻产量。据调查，每百个蒴果粒重降低 0.1~5.7 克。

（2）主要症状

芝麻叶片发病后，出现圆形至不规则形褐色至黑褐色病斑。田间常见大型病斑和小型病斑两种类型。大型病斑多为圆形，或因叶脉限制呈椭圆形或不规则形，直径 3~10 毫米，有明显轮纹；下部叶片的病斑浅褐色；叶片上的病斑愈合后，导致叶片干枯。小型病斑多为圆形至近圆形，直径 1~4 毫米，轮纹不明显，中央色稍浅，严重时一片叶上有几十个病斑，愈合成大枯斑（图 7-9）。叶柄、茎秆发病，呈现黑褐色水浸状条斑；蒴果上也能产生褐色小病斑。病斑上

图 7-9　芝麻黑斑病症状（刘红彦提供）

有黑色霉状物，即病菌的分生孢子梗和分生孢子。轻度发生时造成落叶，严重时植株枯死。

（3）侵染发病规律

芝麻黑斑病菌随病组织遗留在土壤中或附着在种子上越冬，成为翌年发病的初侵染源。越冬菌源在适宜条件下产生分生孢子，随风雨传播，侵染芝麻。带菌种子在播后4~6周产生典型病症。病菌在出苗期侵染能导致幼苗枯死，但发病盛期主要在播后8~12周，在黄淮流域即7月中旬至9月上旬。7—9月的温湿度有利于多种叶部病害的发生，田间常常是黑斑病、棒孢霉叶斑病、尾孢霉叶斑病、叶枯病、褐斑病、轮纹病等混合发生。不同地区、不同年份、不同品种叶病发生始期和最终病情有所差异，但一般先植株间下部叶片水平发展，而后自下而上垂直发展，然后再水平发展的流行动态。发病过程分为3个阶段，始发期：夏播芝麻产区，7月上、中旬（3~4对真叶）始见病株，7月下旬、8月上旬（现蕾~初花）病株率达到饱和，此阶段病害以水平方向扩展为主，表现为病株率增加，病叶率上升缓慢，病情指数很低，为菌源初步积累期。普发期：从7月下旬到8月下旬（封顶）病叶率饱和，此阶段病害自下而上垂直发展，主要表现为病叶率增加迅速，病情指数上升缓慢，为菌源的再积累期。盛发期：从8月底病叶率饱和到芝麻成熟，病害全面发展，严重度迅速上升达最高，叶片枯死脱落。由此可见，始发期菌源量最小，病叶尚在植株下部，是药剂保护的有利时机。降雨对该病发生迟早和流行进程影响最为明显，初花期和盛花期两个阶段的降雨尤为重要，此段雨量大、雨日多，空气湿度大，有利于病菌侵染，病害发生早且重，反之晚且轻。

（4）防治方法

一是农业防治：选择抗病品种；同红薯、花生、小尖辣椒等低秆作物间作，增加田间通风透光；加强田间管理，增施有机肥料，提高植株抗性；及时排水防涝，降低田间和土壤湿度；合理密植，减少行间郁蔽，为芝麻生长创造良好条件，均可减轻叶斑病的发生。

二是物理防治：在芝麻盛花期用微生物农药96-79连续喷洒2次，对黑斑病等真菌性叶部病害有良好的防治效果。国外报道用印楝叶提取物喷洒芝麻幼苗，能产生诱导抗性，降低黑斑病发病率。

三是化学防治．播种前用福美双（0.15%）+ 多菌灵（0.05%）进行种子处理；在芝麻开花结蒴期，先用 70% 代森锰锌 400~600 倍液进行预防，在发病初期用 50% 多菌灵 500 倍液或 25% 嘧菌酯 800 倍液喷雾，每隔 10 天喷雾 1 次，连续 2~3 次。

8.芝麻褐斑病

（1）主要危害

芝麻褐斑病分布广泛，在我国各芝麻产区均有发生，危害芝麻叶片和茎秆，严重发生时，造成芝麻叶片枯死或提前脱落，使芝麻不能正常成熟，籽粒瘦秕，千粒重降低，影响芝麻产量和品质。

（2）主要症状

此病主要为害叶片，叶片上的病斑初期较小，暗褐色，后逐渐扩大，变为灰褐色，病斑形状不规则，有时病斑外围出现棱角，病斑中心常有灰白色圆点，周围病斑上有黑褐色小点（病原菌分生孢子器），无明显轮纹（图 7-10）。

图 7-10　芝麻褐斑病症状（杨修身提供）

（3）侵染发病规律

芝麻褐斑病病菌随病组织残留在土壤中越冬，成为第二年发病的初侵染源。越冬菌源在适宜条件下产生分生孢子，随风雨传播，侵染芝麻下部叶片，形成病斑；病斑上产生的分生孢子再传播侵染周围植株叶片，并逐渐向中上部叶片蔓延。该病 7 月中、下旬在夏芝麻上开始出现，最初主要发生在芝麻植株下部叶片上，然后逐渐向中上部叶片发展蔓延。田间种植密度过大，偏施氮肥致使芝麻旺长，行间叶片郁蔽，病害发生严重。7~8 月连续降雨、田间空气湿度大，有利于病菌传播和侵染，病害蔓延快，发生重。干旱少雨天气则不利于病菌传播侵染，病害发展蔓延慢、发生轻。

（4）防治方法

一是农业防治：① 轮作倒茬、清理田间病残体，减少菌源积累。② 在芝麻播种和定苗时，要做到合理密植，减少芝麻行间郁蔽，可减轻病害发生。③ 加强田间管理，科学施肥，注意氮磷钾肥配合使用，避免过量使用氮肥，增施有机肥料，提高植株抗性；遇旱时以小水轻浇，避免大水漫灌；遇雨涝天气及时排除田间积水，降低田间和土壤湿度。④ 在多雨易涝地区和排灌不畅低洼地块实行起垄种植，减少渍涝灾害和病害发生；⑤ 选择种植抗病芝麻品种，在芝麻生产和育种过程中，注意观察选择应用病害发生较轻的品种，各地可因地制宜选择应用；⑥ 选择与红薯、小辣椒等低秆农作物间作，增加通风透光，降低芝麻田间小气候湿度。

二是化学防治：在发病初期，可选用 50% 多菌灵可湿性粉剂 600 倍液、70% 甲基托布津可湿性粉剂 800 倍液、25% 戊唑醇可湿性粉剂 3 000 倍液、12.5% 烯唑醇可湿性粉剂 3 000 倍液或 25% 嘧菌酯悬浮剂 2 000 倍液进行喷施保护。一般年份，夏播芝麻在 7 月下旬和 8 月中旬各喷施一次，防病增产效果显著，多雨年份应在 8 月下旬增加喷施一次加强保护。喷药时注意芝麻植株周身包括叶片正反面全部喷到。

9. 芝麻棒孢叶斑病

（1）主要危害

芝麻棒孢叶斑病又称棒孢叶枯病，是我国芝麻产区的主要叶部病害之一，发生普遍，对千粒重和产量影响较大。

（2）主要症状

芝麻叶片上初期病斑为圆形、近圆形或不规则形，褐色或暗褐色，中心有一白点，后来病斑扩大，有些病斑因受叶脉限制而呈不规则形，有不明显的同心轮纹，白点居中或位于病斑一侧。尾孢引起的叶斑病，病斑中心区域是灰色，这是两种叶斑病的典型区别。随病害发展叶斑形成枯死斑，多个病斑愈合导致病叶脱落。在茎秆上形成褐色、不规则长形病斑或长椭圆形，病斑扩大后病株会在病斑处不规则弯曲，有时病斑发展为溃疡，溃疡中心呈疣状。后期病斑长达 5 厘米左右，其上产生多圈黑色霉状物，即病菌的分生孢子。茎秆上大病斑多位于下部为，常围绕叶柄（图 7-11）。病害严重时，病株纵裂或折断。

左　　　　　　　　右

图 7-11　芝麻棒孢叶斑病叶部（左）和茎部（右）症状
（刘红彦提供）

蒴果上病斑先呈圆形，后延长呈凹陷斑点。

（3）侵染发病规律

种子内外均能携带病菌，病原菌能够在病残体或病粒中长久存活，在田间条件下能存活 10 个月以上，成为初侵染源，病斑上产生的分生孢子成为再侵染源，通过气流和水持续传播为害。种子在 26±2℃、相对湿度为 50% 条件下，病原菌在 10 个月内失去活性。芝麻田棒孢分生孢子从 7 月上旬开始出现，至 9 月上旬、中旬芝麻采收前均能捕捉到其孢子，7 月 9—13 日和 8 月 10—13 日出现了 2 个孢子数量高峰。田间 8 月上旬、中旬棒孢叶斑病病叶率上升很快，8 月下旬至 9 月上旬，病叶严重度上升很快。棒孢叶斑病多和其他叶病如黑斑病等混合发生，综合严重度高达 50%~80%，导致病叶在芝麻成熟前大量脱落。7—8 月多雨、高湿天气有利病害的发生流行。

（4）防治方法

一是农业防治：清除寄主杂草和芝麻病株残体；实行轮作倒茬，压低菌源量；合理间作套种，可降低发病程度；在芝麻播种和定苗时，要做到合理密植，减少行间郁蔽，可减轻叶病发生；遇涝及时排水，降低田间和土壤湿度；加强田间管理，增施有机肥料，提高植株抗性。

二是物理防治：采用 55~56℃温水浸种 30 分钟或 60℃温水浸种 15 分钟，以杀灭种子携带的病原菌。

三是化学防治：播前可用 0.15% 的福美双和 0.05% 的多菌灵混配进行种子处理；病害初发时，可使用 50% 多菌灵 500 倍液、70% 甲基托布津 800 倍液、25% 嘧菌酯 800 倍液喷雾，间隔 10 天连续喷 2~3 次，注意茎秆和叶片上下全部喷到。

10. 芝麻病毒病

（1）主要危害

芝麻病毒病是一类历史悠久、常见的病害。国内最早报道于 20 世纪 50 年代，至今病原病毒得到确认的有花生条纹病毒引起的芝麻黄花叶病毒病和芜菁花叶病毒引起的芝麻普通花叶病毒病。这两种病毒病在湖北省各主产区都有分布，并给生产带来重大损失。芝麻花叶病毒病在 20 世纪 80 年代初在河南省报道，病原病毒种类有待进一步确定。此外，1990 年在武昌个别地块曾发现土传的芝麻坏死花叶病毒病。芝麻病毒病导致芝麻叶片叶绿素的破坏，表现花叶、黄化、皱缩，植株矮化等症状，可严重影响产量。20世纪80年代和90年代，病毒病曾在湖北省芝麻主产区流行，田间普遍发病率5%~20%，严重的达40%以上。如湖北襄阳和武昌平均发病率为12%~35%，最高发病率达77%。

（2）主要症状

① 芝麻黄花叶病毒病：田间典型症状表现为全株叶片由于褪绿而偏黄，表现黄色与绿色相间的黄花叶症状，有的病叶叶尖和叶缘向下卷曲，病株长势弱，表现不同程度的矮化。发病早的植株则严重矮化，不结蒴果或蒴果小而畸形（图7-12）。② 芝麻普通花叶病毒病：病株叶片表现浅绿与深绿相间花叶症状，

图7-12 花生条纹病毒引起的芝麻黄花叶病毒田间症状（许泽永提供）

叶片稍皱缩；病叶上常出现1~3毫米大小的黄斑，单个或数个相连，叶脉变黄或褐色坏死。病毒可沿着维管束侵染部分叶片或半边叶片，受感染叶片变小、扭曲、畸形，病株明显矮化。在严重情况下，病株叶片、茎或顶芽出现褐色坏死斑或条斑，最后引起全株死亡（图7-13）。③ 芝麻花叶病毒病：苗期感病，植株上部叶片出现褪绿斑，叶片皱缩，严重时出现黄化，随着植株的生长，花叶逐渐扩展变

图7-13 芜菁花叶病毒引起的芝麻普通花叶病毒田间症状（许泽永提供）

黄，病株节间缩短、矮化，有的出现扭曲变形。病株一般不结蒴或结蒴减少，较正常蒴果小，籽粒秕瘦。④ 芝麻坏死花叶病毒病：病株叶片表现浅绿、绿色相间花叶，由于小脉坏死，叶片呈皱缩状，叶片变小，病株矮化明显。另有病株中、上部叶片黄化、变小，节间缩短、矮化。有的病株表现皱缩花叶与黄化的复合症状（图7-14）。

图7-14 坏死花叶病毒引起的芝麻坏死花叶病毒田间症状（许泽永提供）

（3）侵染发病规律

① 侵染循环：a.芝麻黄花叶病毒病：未发现有种子传毒现象。田间调查表明花生条纹病毒感染花生是芝麻上黄花叶病的主要初侵染源。一是因为病害主要发生于芝麻、花生混作区；二是我国有些地方花生播种早，花生条纹病毒通过花生种传，在花生上传播，花生普遍感染花生条纹病毒，并通过蚜虫向芝麻、大豆上传播，在气候条件适宜蚜虫发生和活动的情况下，病害则有在芝麻上流行的可能。田间试验表明，花生地内撒播芝麻发病率高达82%，花生地内种植的芝麻发病率为8.7%，而与花生有20米距离隔离的芝麻发病率仅为1.8%。花生条纹病毒被蚜虫以非持久性方式在芝麻田间传播。桃蚜传毒效率高达37%，豆蚜和大豆蚜传播效率分别为19.3%和13.8%。b.芝麻普通花叶病毒病：初侵染源主要是感染芜菁花叶病毒的十字花科油菜、蔬菜和其他寄主植物，通过蚜虫以非持久性方式向芝麻传播。在传毒试验中，桃蚜传毒效率为36.6%，但未能通过豆蚜传播。试验未发现芜菁花叶病毒通过芝麻种传。未发现芝麻种子传毒现象。c.芝麻花叶病毒病：芝麻花叶病毒病在田间主要通过桃蚜传播。汁液摩擦也可传播。病株上的种子和花叶病发生田的土壤均未发现传播病毒。d.芝麻坏死花叶病毒病：用病汁液浸泡未发芽或发芽种子均能引起发病。通过土壤传播，将芝麻播入混有病叶的土壤中，或播在病株间均能引起发病。未发现蚜虫传毒。

② 流行规律：a.芝麻黄花叶病毒病：芝麻黄花叶病的流行在不同年份、地区甚至地块间差异都很大，病害流行与毒源、芝麻生育期、传播介体蚜虫和气象因素相关。毒源： 邻近花生条纹病毒病发生的地块，芝麻黄花叶病发生重，远

离花生条纹病毒病发生的地块，芝麻黄花叶病发生轻。花生条纹病毒病流行年份，芝麻黄花叶病发生重，反之则轻。芝麻生育期：芝麻苗期和蕾期为高度感病期，进入花期以后，芝麻抗性略有增强，到蒴果期以后，芝麻对花生条纹病毒表现明显的成株期抗性，并且症状明显减轻。传播介体蚜虫：芝麻苗期、蕾期和初花期感病期蚜虫发生量大，芝麻黄花叶病发生则重，这一时期蚜虫发生量少，病害则轻。气象因素：据中国农业科学院油料作物研究所（武昌）调查，病害流行与6月下旬至7月上旬（芝麻苗期和花蕾初期）平均气温、降水量及雨日密切相关。若这段时间气温低、雨日多但雨量少，有利于蚜虫发生与活动，病害发生则重，反之病害发生则轻。b.芝麻普通花叶病毒病：病害的流行与毒源植物多少、相邻远近、蚜虫发生和活动直接相关，而气象因子通过影响蚜虫发生和活动间接影响病害发生。此病害多发生在城市郊区和离十字花科蔬菜近的芝麻地块。c.芝麻花叶病毒病：病害的流行与蚜虫发生和活动直接相关，影响蚜虫发生和活动的气象因子间接影响病害发生。

（4）防治方法

① 选用抗性强的芝麻品种。利用芝麻品种对病毒病的抗性差异，选种抗病较好的品种，以减少病害流行造成的损失。② 与花生和十字花科蔬菜等毒源作物隔离种植。在芝麻与花生种植区域，避免芝麻与花生间作或相邻种植，与花生地至少相隔100米以上，可以显着减少病害发生。如前茬是油菜，应注意清除油菜自生苗。③ 适期播种。避开芝麻感病生育期与蚜虫发生高峰期相遇。根据各芝麻产区的气候特点和蚜虫发生规律，选择合适的芝麻播种期，避开芝麻苗期、蕾期同蚜虫高峰期相遇，减少蚜虫传播和病害的发生。④ 防治蚜虫。芝麻生长早期及时防治蚜虫，可减少病害发生。

11.芝麻疫病

（1）主要危害

芝麻疫病在湖北省芝麻产区均有发生，严重时造成植株连片枯死，发病率达30%以上。病株种子瘦瘪，病株与健株相比，单株产量降低20.4%~89.7%，千粒重降低3.8%~39.7%，含油量也显著下降。

（2）主要症状

芝麻整个生育期均可感病，但以生长中后期发病较多，可危害叶片、茎秆、花和蒴果。叶片染病初期，病斑为灰褐色水渍状，病斑不规则形。田间湿度大时，病斑迅速扩展，病斑外缘呈水浸状、色浅，内缘暗绿色，呈黑褐色湿腐状，病健组织分界不明显，呈深浅交替的环带（图7-15），严重时病斑边缘可见白色霉状物。田间空气干燥条件下，病斑变薄、黄褐色，干缩易裂，病叶畸形。遇到干湿交替变化明显的气候条件时，病斑会出现大的轮纹环斑。叶柄发病易导致落叶。在积水田块中，病部迅速向上下蔓延，继续侵染茎部和蒴果，茎部染病初期为墨绿色水渍状，后逐渐变为深褐色不规则形斑，环绕茎部缢缩凹陷，植株上部易从凹陷处折倒，湿度大时迅速向上下扩展，严重时全株枯死。生长点染病时会收缩变褐枯死，并易腐烂。蒴果染病产生水渍状墨绿色病斑，后变褐凹陷。花蕾发病后，变褐腐烂。在潮湿条件下，叶、茎、花和蒴果病部均会长出绵状菌丝，即病菌的孢囊梗和孢子囊，严重时主根被侵染，整株萎蔫。根系腐烂的病株易拔出，但须根和表皮遗留在土中。

左　　　　　　　　　　　　　　　　右

图7-15　芝麻疫病的叶片（左）和幼茎（右）症状（刘红彦提供）

（3）侵染发病规律

病菌以休眠的菌丝或卵孢子在土壤、病残体和种胚上越冬。翌年侵染苗期芝麻茎基部，形成初次侵染。在潮湿的条件下，经2~3天病部孢子囊大量出现，从裂开的表皮或气孔成束伸出，释放游动孢子，经风雨、流水传播蔓延，进行再侵染。芝麻疫病一般在7月芝麻现蕾时田间开始出现病株，8月上旬开始流行。病菌产生的游动孢子借风雨传播进行再侵染。高温高湿病情迅速扩展，连续两周较大降雨或高湿（相对湿度在90%以上）有利于病害大发生。土壤温度对疫病的发生有较大的影响，土壤温度在28℃左右，病菌易于侵染和引起发病，而土温为37℃时，病害的出现延迟。土壤黏重、降水量大的地区，芝麻疫病发生重。

（4）防治方法

一是农业防治。① 实行轮作和间作：发病地块进行3年以上轮作；采用芝麻与其他作物进行间作，有利于减轻发病。② 选用抗病品种：选择优质高产、耐渍、抗病性强品种。③ 加强栽培管理：淮河流域和长江流域芝麻产区宜采用高畦栽培，雨后及时排水，降低田间湿度；合理密植，加强肥水管理，增施施磷、钾肥，苗期不施或少施氮肥，培育健苗。

二是物理防治。 播种前用55~56℃温水浸种30分钟或60℃温水浸种15分钟，晾干后播种；芝麻收获后及时销毁田间病残株。

三是生物防治。用生防制剂哈茨木霉、绿色木霉进行土壤处理或用哈茨木霉/绿色木霉/枯草芽孢杆菌（0.4%）进行种子处理。

四是化学防治。播前用甲霜灵（0.3%）或福美双（0.3%）进行种子处理；发现病株时及时用雷多米尔（0.25%）淋灌病株2~3次，每次间隔7天；发病初期用药，可用25%甲霜灵可湿性粉剂500倍液，或58%的甲霜灵·锰锌可湿性粉剂500倍液、56%甲硫·恶霉灵600~800倍液、69%烯酰·锰锌1 000倍液喷雾，间隔7~10天，连喷2~3次。

12. 芝麻细菌性角斑病

（1）主要危害

芝麻细菌性角斑病又称细菌性叶斑病，广泛分布于全世界芝麻产区，此病在我国芝麻产区发生普遍，湖北省多数地方都能见到，但在芝麻田间多为零星发生，在部分地区及地块可造成较重危害。芝麻生育后期多雨条件下发病重，使叶片早期脱落，影响产量。

（2）主要症状

主要危害叶片，也能危害叶柄、茎秆和蒴果。苗期、成株期均可发病。幼苗刚出土即可染病，近地面处的叶柄基部变黑枯死。成株期染病，叶片上病斑多角形水渍状，黑褐色。前期有黄色晕圈，后期不明显。病斑常沿叶脉发展而形成黑褐色条斑，大小为 2~8 毫米。病斑时常引起附近组织干缩，因而使叶片变形。发病叶片有时会向叶背稍卷曲。潮湿时叶背病斑上有细菌溢脓渗出，干燥情况下病斑破裂穿孔。严重时病叶由下而上干枯脱落，甚至仅剩顶部几片嫩叶。叶柄和茎秆上的病斑黑褐色、条状。蒴果上会出现褐色、凹陷、有亮泽斑点。发病早的蒴果呈黑色，不结种子（图 7-16）。

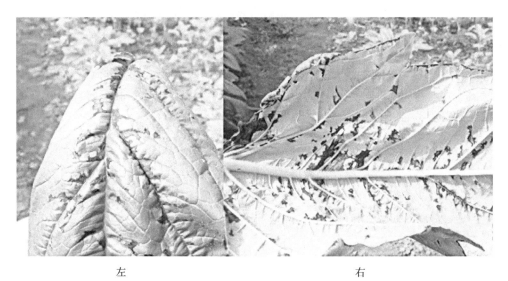

左　　　　　　　　　　　　　　　　右

图 7-16　芝麻细菌性角斑病症状：正面（左）和背面（右）（杨修身提供）

（3）侵染发病规律

　　芝麻种子携带病菌，可作为病害初侵染来源。病菌在病残体和土壤中不能长时间存活，在土壤中能存活 1 个月，4~40℃ 条件下可在病残体上存活 165 天，在种子上能存活 11 个月。初侵染形成的病组织分泌菌脓，病菌借雨水和农事操作传播，引起再侵染。病菌通过植物伤口和气孔进入植物，最后到达薄壁组织。降雨天气有利于病菌传播，高温高湿天气有利于病菌侵染。芝麻生长期遇到高温、多雨和持续高湿的天气条件该病发生严重，遇干旱少雨，空气干燥天气条件发病轻。芝麻田常在 7 月雨后突然发病，在 8 月中旬、下旬进入盛发期。病害初期先从植株下部叶片发生，遇阴雨天气后逐渐向植株上部叶片和周围植株传播发展。

（4）防治方法

一是农业防治：① 清除病残株，芝麻收获后及时将病株残体清出田间，降低菌源量，减少菌源积累；② 实行轮作倒茬，与禾本科作物实行 3 年以上轮作，可有效减轻发病；③ 精细平整土地或采取深沟高厢栽培，防止田间低洼处积水和田间流水冲刷传播病害；④ 选用抗病性强的品种，在芝麻育种和生产中，选育和利用抗病性较强的品种。

二是物理防治：采用温汤浸种处理可消灭种子上的病原细菌，减少初侵染源。在芝麻播种前，用 52℃热水浸种 30 分钟，待晾干后播种，可杀灭种子携带的病菌。

三是生物防治：在播种前，将芝麻种子用 0.02% 的农用链霉素液浸泡 30 分钟，然后控干水分，在阴凉处干燥后播种，可抑制病菌，减轻发病。

四是化学防治：发病初期及早喷洒 30% 碱式硫酸铜悬浮剂 300 倍液，或 47% 加瑞农（加收米与碱性氯化铜）可湿性粉剂 700~800 倍液、12% 松脂酸铜乳油 600 倍液、72% 农用硫酸链霉素可湿性粉剂 4 000 倍液，间隔 15 天，连续喷 2 次以上。

二、芝麻主要虫害及防治

据农业科研部门多年试验示范、调查统计和查阅资料，本地虫害主要有小地老虎、棉铃虫、甜菜夜蛾、芝麻蚜、芝麻天蛾、芝麻盲蝽、芝麻荚野螟和蟋蟀等。

1. 小地老虎
（1）分布与为害

小地老虎俗称地蚕、土蚕、切根虫、夜蛾虫等，均属鳞翅目、夜蛾科。在全国芝麻产区都普遍发生，以幼虫切断幼苗近地面的茎部，造成缺苗断垄。1~2 龄喜食芝麻心叶或嫩叶，咬成针状小洞；3 龄后可咬断芝麻嫩茎；4 龄后进入暴食阶段，是为害盛期。

（2）形态特征

成虫是一种灰褐色蛾子，体长 17~18 毫米，翅展 40~50 毫米，前翅棕褐色，有 2 对横线，并有黑色圆形纹、肾状纹各 1 个，周围有一黑边，在肾形纹外，有一尖端向外的楔状黑斑，外缘有 2 个尖端向内的黑斑，3 斑相对，幼虫形较大，为 50~55 毫米，黑褐色稍带黄色，体表密布黑色小颗粒突起，腹端肛上板有 1 对明显的黑纹（图 7-17）。

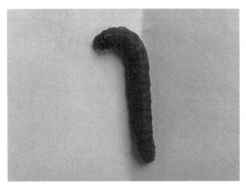 

左　　　　　　　　　　　　　右

图 7-17　小地老虎幼虫（左）和成虫（右）（刘红彦提供）

（3）生活习性

小地老虎在长江流域发生 4~5 代，华南发生 5~6 代，大多数以幼虫越冬，少数以蛹越冬。一般小地老虎在 5 月中下旬为害最盛；幼虫在 3 龄以前，为害芝麻幼苗的生长点和嫩叶，3 龄以上的幼虫多分散为害，白天潜伏于土中或杂草根系附近，夜出咬断幼苗。老熟幼虫一般潜伏于 6~7 毫米深的土中化蛹。成虫在傍晚活动，趋化性很强，喜糖、醋、酒味，对黑光灯也有较强的趋性，有强大的迁飞能力。在潮湿、耕作粗放、杂草多的地方发生。

（4）防治方法

一是掌握防治适期。将小地老虎消灭在 3 龄之前，芝麻在"十字架期"为防治适期。

二是农业防治。改造低洼易涝地，改变小地老虎发生环境。除草灭虫，消除成虫部分产卵场所，减少幼虫早期食料来源；灌水灭虫，漫灌一昼夜排干，灭虫效果好；铲埂灭蛹；可根据成虫发生早晚，利用其趋光、喜食蜜源植物等习性，夜晚设置黑光灯诱杀成虫。

三是药剂防治。用 50% 辛硫磷乳油、2.5% 溴氰菊酯等 1 000 倍液，喷杀 3 龄前幼虫，于傍晚进行，连喷 2 次，杀幼虫效果 95% 以上。或喷施 50% 氧化乐果加 2.5% 溴氰菊酯 1 000 倍液混合喷雾效果更好。对 4 龄后老熟幼虫可用 90%

的晶体敌百虫 500~600 倍液或用氧化乐果加菊酯类药液混合喷雾。还可用 25%
的敌敌畏服剂（5 克）兑清水 1 升，喷于切碎的草上制成毒饵于傍晚撒在地里。
四是人工捕杀。3 龄以后早晨人工捕捉，在苗被咬断处扒开土层捕杀。

2. 棉铃虫

（1）分布与为害

棉铃虫广泛分布在我国各地，长江流域棉区间隙成灾。以幼虫蛀食蕾、花、
荚，偶也蛀茎，并且食害嫩茎、叶和芽。蕾受害后苞叶张开，变成黄绿色，2~3
天后脱落。幼荚常被吃成孔洞或缺刻（图 7-18）。

图 7-18 取食叶片（1）、蛀花（2）、蛀食蒴果（3）和蛀茎（4）（刘克钊提供）

（2）形态特征

成虫体长 14~18 毫米，翅展 30~38 毫米。头胸青灰或淡灰褐色（图 7-19
左）。前翅青灰或淡灰褐色，基线为双线，不清晰，亚基线为双线，褐色，呈锯

齿形，环纹圆形，有褐
边，中央有一褐点；肾
纹有褐边，中央有一深
褐色肾形斑，肾纹前方
的前缘脉上有2个褐色
纹。后翅灰白色或褐色，
翅脉深褐色，端区棕褐
色，较宽，缘毛灰白色，
基部有一褐线，后半部

左　　　　　　　　　　右

图7-19　成虫（左）和卵（右）（刘红彦提供）

不明显。腹部背面青灰或淡灰褐色。卵（图7-19右）半球形，高大于宽，纵棱
达底部，初产时乳白，后黄白色，孵化前深紫色。幼虫多数6龄。1龄幼虫头纯
黑色，前胸背板红褐色，体表线纹不明显，臀板淡黑色，三角形。2龄幼虫头黑
褐色或褐色；前胸背板褐色，两侧缘各出现1淡色纵纹，臀板浅灰色。3龄幼虫
头淡褐色，出现大片褐斑和相连斑二点，前胸背板两侧绿黑色，中间较淡，出
现简单斑点，气门线乳白色，臀板淡黑褐色。4龄幼虫头淡褐带白色，有褐色纵
斑，小片网纹出现，前胸背板出现白色梅花斑。5龄幼虫头较小，往往有小褐
斑，前胸背板白色，斑纹复杂。6龄幼虫头淡黄色，白色网纹显著，前胸背板白
色，体侧3条线条清晰，扭曲复杂，臀板上斑纹消失。幼虫（图7-19左）体色
因食物或环境不同变化很大，体色淡红、黄白、淡绿、绿色、黄绿色、暗紫色和
黄白色相间。蛹纺锤形。初蛹为灰绿色、绿褐色或褐色（图7-20右），复眼淡
红色。近羽化时，呈深褐色，有光泽，复眼褐红色。

左　　　　　　　　　　　　右

图7-20　幼虫（左）和蛹（右）（刘红彦提供）

（3）生活习性

在我国由北向南年发生3~7代，在长江以南5~6代，世代重叠。以蛹在寄主植物根际附近的土中越冬。当气温上升至15℃以上时，越冬蛹开始羽化。各地主要发生期及主要为害世代有所不同。长江流域5~6月第1代、第2代是主要为害世代。成虫多在19时至次日凌晨2时羽化，羽化后沿原道爬出土面后展翅。成虫昼伏夜出，白天躲藏在隐蔽处，黄昏开始活动，在开花植物间飞翔吸食花蜜，交尾产卵，成虫有趋光性和趋化性，对新枯萎的杨树枝叶等有很强的趋性。成虫羽化后当晚即可交配，2~3天后开始产卵，卵散产，喜产于生长茂密、花蕾多的棉花上，产卵部位一般选择嫩尖、嫩叶等幼嫩部分。初孵幼虫取食卵壳，第2天开始为害生长点和取食嫩叶。2龄后开始蛀食幼蕾。3~4龄幼虫主要为害蕾和花，引起落蕾。5~6龄进入暴食期，多为害青铃、大蕾或花朵。老熟幼虫在3~9厘米处的表土层筑土室化蛹。高温多雨有利于棉铃虫的发生，干旱少雨对其发生不利。干旱地区灌水及时或水肥条件好、长势旺盛的棉田，前作是麦类或绿肥的棉田及玉米与棉花邻作的棉田，均有利于棉铃虫发生。

（4）防治方法

一是农业防治。冬耕冬灌，消灭越冬蛹。田间用杨树枝把诱蛾，杨树枝把以新枯萎的、有清香气味的效果最好。用黑光灯或频振式杀虫灯，诱杀成虫。

二是药剂防治：掌握在卵孵盛期至2龄幼虫时期喷药防治，以卵孵盛期喷药效果最佳。可用下列药剂：10%氯氰菊酯乳油30~75毫升／亩；1%甲氨基阿维菌素苯甲酸盐乳油10~20毫升／亩；1.8%阿维菌素乳油10~20毫升／亩；5%氟铃脲乳油120~160毫升／亩；20%甲氰菊酯乳油30~40毫升／亩；2.5%联苯菊酯乳油40~50毫升／亩；8 000国际地位／毫克苏云金秆菌可湿性粉剂200~300克／亩；2.5%高效氯氟氰菊酯乳油40~60毫升／亩兑水30~40千克喷雾，间隔7~10天，再喷1次。

3.甜菜夜蛾

（1）分布与为害

甜菜夜蛾又名贪夜蛾、玉米叶夜蛾，属鳞翅目、夜蛾科，是一种世界性分布的害虫，我国芝麻产区都有发生，局部地区为害严重。其食性杂，危害广，具有暴食性、间歇性大发生等特点。初孵幼虫群集叶背取食下表皮和叶肉，形成"天窗"；3龄后可将叶片吃成孔洞或缺刻，严重时，吃光叶肉，仅留叶脉、叶柄和落秆，甚至剥食茎秆皮层，影响植株正常生长和芝麻产量。

（2）形态特征

成虫：体长 12~14 毫米，翅展 26~34 毫米。体灰褐色（图 7-21）。前翅黄褐色或灰褐色，内横线、外横线均为黑白双色双线，肾状纹与环状纹均为黄褐色，有黑色轮廓线，外缘线有一列黑色三角形小斑。后翅白色，略带粉红色，翅缘灰褐色。卵：馒头形，直径 0.5 毫米，淡黄色至黄褐色，基部扁平，顶上有 40~50 条放射状的纵隆起线。卵粒成块状。每块一般有卵 10 粒，单层或 2~3 层重叠，卵块上盖有一层雌虫腹末脱落下的灰色绒毛。

幼虫：一般分为 5 龄，老熟幼虫体长 22~30 毫米。体色变化很大，有绿色、

图 7-21　成虫（1）、卵（2）幼虫（3）、形成"天窗"（4）和啃食蒴果（5）（刘克钊提供）

暗绿色、黄褐色、褐色及黑褐色。不同体色的幼虫腹部有不同颜色的背线，或不明显。气门下线为明显的黄白色纵带，有时带粉红色。每节气门后上方各有一个明显的白斑，体色越深，白斑越明显，此为该虫的重要识别特征。蛹：长8~12毫米，黄褐色。第3~7节背面和5~7节腹面有粗刻点。腹部末端具两根粗大的臀棘，垂直状，在每根臀棘后方各有一根斜向短刚毛。

（3）生活习性

甜菜夜蛾年发生的世代数随纬度的升高而减少，以蛹在土中越冬。甜菜夜蛾在长江流域各代发生为害高峰期为：第1代5月上旬至6月下旬，第2代6月上旬至7月中旬，第3代7月中旬至8月下旬，第4代8月上旬至9月中、下旬，第5代8月下旬至10月中旬，第6代9月下旬至11月下旬，第7代发生在11月上旬、中旬，该代为不完全世代。一般情况下，从第3代开始会出现世代重叠现象。在湖北省每年发生5~6代，第2代发生在6月中旬、下旬，第3代发生在7月上旬、中旬，这两代主要危害芝麻。成虫白天隐蔽在土块下、土缝内、杂草丛以及枯叶和树木阴凉处，夜间进行活动、取食、交配和产卵，以20~23时、以及在无月光的夜里活动最盛。成虫羽化后2~3天产卵，产卵具有趋嫩性，多产于叶背面，每雌能产卵100~600粒，多者达1 600粒，多单层或双层排列，其上覆盖灰白色鳞毛，其颜色和大小与泥巴较为相似，产卵期10~15天，卵历期3~4天。幼虫昼出夜伏，有假死性，略震动，虫体即卷曲下落。一般5龄，少数6龄。1~2龄幼虫常群集在孵化处附近，吐丝拉网，在其内咬食叶肉，留下表皮，食量很小。3龄后分散，可吐丝下垂随风飘落他株。4龄后昼伏夜出，食量猛增，进入暴食期，一头5~6龄幼虫可在一夜之间取食芝麻叶片16~24.8平方厘米，为害严重时可吃光所有叶片，并可剥食茎秆表皮层。发生数量多时，幼虫有成群迁移的习性，幼虫历期16~27天。幼虫老熟后，钻入4~9厘米的土层中作椭圆形的土室化蛹。甜菜夜蛾成虫具有较强的趋光性，对黑光灯趋性强。当温度高，密度大，食料缺乏时，有成群迁移习性。

（4）防治方法

甜菜夜蛾是一种生态可塑性较强的害虫，对杀虫剂的抗性比棉铃虫强。甜菜夜蛾的防治策略是可以采取重点压低2代虫数量，控制3代、4代为害的策略。在做好深翻、灌水、中耕、除草、清洁等各项农业防治工作的基础上，开展灯光诱杀成虫，掌握卵孵盛期或低龄幼虫的防治适期及时喷药等防治工作。

　　一是农业防治。① 合理安排农作物及蔬菜布局，种植抗虫或耐虫品种，适度推广转基因植物，转 Bt 基因植物编码毒蛋白对鳞翅目幼虫有专一的毒杀作用；② 冬季深翻耕地，消灭部分越冬蛹，减轻翌年发生；③ 幼虫化蛹盛期进行灌溉和中耕，可消灭部分越夏虫源，减轻为害；④ 加强田间管理，铲除芝麻田内外杂草，及时摘除卵块和初孵幼虫的叶片，减少虫源。

　　二是行为防治。行为防治又称习性防治，利用甜菜夜蛾成虫的趋光性、趋化性等特性而采取的一些防治措施，具有高效、无毒、无污染、不伤益虫等优点。主要包括：① 用糖醋液诱杀成虫：可利用糖、酒、醋混合液（酒：糖：醋：水=1：3：4：2）或是甘薯、豆饼等发酵液加少量敌百虫诱杀；② 用杨（柳）树枝诱集成虫：用 5~7 根杨（柳）树枝扎成 1 把，每亩插 10 余把，于每天清晨露水未干时捕杀诱集到的成虫，10~15 天换 1 次；③ 黑光灯诱杀成虫：有供电条件的地方，可安装黑光灯诱杀甜菜夜蛾成虫；④ 性诱剂诱杀成虫：人工合成的甜菜夜蛾性信息素（性诱剂）具有灵敏度高，诱蛾量大，诱蛾期长的优点，可以直接诱杀成虫，降低田间着卵量、幼虫量及为害率，防效可达 50%~63.3%。性诱剂诱捕器的制作方法是，把三根竹竿绑成一三脚架，其上放置一直径 33 厘米左右的水盆，水面距盆缘 1.5~2 厘米，用细铁丝将性诱芯固定在水盆上方的中央，距水面 3~4 厘米高。定期将诱集到的成虫捞出，并及时补充盆内因蒸发失去的水分，加 1% 的洗衣粉水，可增大水的粘着性，效果更好。一般每 667 平方米设 1~2 个性信息素诱捕器，30~40 天更换 1 次诱芯。

　　三是生物防治。加强天敌资源的保护和利用，对于控制甜菜夜蛾的爆发具有十分重要的作用。在控制甜菜夜蛾为害的同时，也降低了杀虫剂对产品、环境以及人畜的毒害。我国目前防治甜菜夜蛾使用的 Bt 制剂主要有：16 000 国际单位/毫克苏云金杆菌可湿性粉剂、8 000 国际单位/毫克苏云金杆菌悬浮剂等；用于防治甜菜夜蛾的病毒制剂主要有核型多角体病毒和颗粒体病毒；其他制剂还有昆虫生长调节剂，主要有 5% 氟虫脲乳油，防效很好，但价格昂贵，不宜大面积使用；抗生素类制剂主要有 20% 阿维菌素 + 辛硫磷乳油和 1% 阿维菌素等。其中 20% 阿维菌素 + 辛硫磷乳油的田间效果较好，而甜菜夜蛾对阿维菌素不敏感。

　　四是化学防治。在百株虫量在 50 头以上时，应进行药剂防治，药剂防治应在 3 龄幼虫以前进行，而且要注意轮换或交替用药。可选用 15% 的安打乳油 1 000~1 500 倍液、2.5% 菜喜悬浮剂 1 000~1 500 倍液、10% 虫螨腈（除尽）悬浮液 1 000~1 500 倍液、20% 米满悬浮剂 1 000~1 500 倍液、5% 高大乳油 2 000 倍液、24% 虫酰肼悬浮剂 1 000~1 500 倍液、5% 定虫隆乳油 1 000~2 000 倍液、10% 氟铃脲乳油 1 000~2 000 倍液喷雾均可。另外，50% 辛硫磷乳油 +90% 晶体敌百虫（11 000+11 500 倍），1~3 天后防治效果可达 70%~100%；除虫脲以 100 毫克 / 千克浓度喷雾对甜菜夜蛾也有较好的防效，但杀虫作用缓慢。

4. 芝麻蚜

（1）分布与为害

芝麻蚜又称烟蚜、桃蚜，俗称腻虫、蜜虫、油汗等，属半翅目，蚜科。芝麻蚜是一种世界性分布的害虫，我国各地均有发生。芝麻蚜在春、夏播芝麻上均有发生，以春播为多，个别年份为害较重，夏播芝麻产区在干旱年份发生为害也普遍较重。一般在 6 月下旬开始发生，7—8 月为为害盛期，即芝麻现蕾前后和花期为害最重。芝麻蚜多集中在嫩茎、幼芽、顶端心叶及嫩叶的叶背上和花蕾、花瓣、花萼管及幼嫩蒴果上吸食汁液，致使叶片和蒴果出现畸形、卷缩、变小、变厚、萎蔫、生长停滞等症状，受害叶片容易引起煤污病，蚜虫分泌的蜜露还影响叶片光合作用和开花结实（图 7-22）。

| 左 | 中 | 右 |

图 7-22　芝麻蚜为害症状（左）、若蚜（中）和受害芝麻叶片正面形成煤污（右）（刘红彦提供）

（2）形态特征

芝麻蚜分成蚜、若蚜和卵 3 种虫态，并存在有形态变异，不同地区、寄主、体色的个体形态上也有一定的差异。

有翅胎生雌蚜：体长 1.8~2.2 毫米，头、胸部黑色，额瘤明显，向内倾斜。触角 6 节，较体短，除第 3 节基部淡黄色外，均黑色，第 3 节上有 9~17 个不等的次生感觉圈，在外缘几乎排成1列，第5节、第6节各有1个感觉圈。翅透明，翅脉微黄，翅痣灰黄或青黄色。腹部颜色变化较大，有绿色、黄绿色、褐色或赤褐色。腹管较长，圆筒形，向端部渐细，有瓦纹。尾片黑色，圆锥形，中部缢缩，着生3对弯曲的侧毛。

无翅胎生雌蚜：体长1.9~2.0毫米，宽0.94~1.1毫米，鸭梨形，有光泽。体色多变，有绿、黄绿、杏黄、洋红等色。触角6节，较体短，第3节无感觉圈，第5、6节各有1个感觉圈。腹管长筒形，是尾片的2.37倍，尾片黑褐色；尾片两侧各有3根侧毛。

有翅雄蚜：体长1.5~2.0毫米，体色深绿、灰黄、暗红或红褐色。腹部背面黑斑较大。触角第3~5节都生有数目很多的感觉圈。

无翅卵生雌蚜：体长1.5~2毫米，红褐色或暗绿色，无光泽。头部额瘤明显，外倾，触角6节，较短，第5、6节各有1个感觉圈。后足胫节散布有感觉圈。腹部背面黑斑较小，其余形态同有翅雄蚜。

卵：长椭圆形，长径约0.44毫米，短径约0.33毫米，初产时淡绿色，后变黑色，有光泽。

（3）生活习性

芝麻蚜每年发生代数因地区而异，长江流域一年发生20~30代。芝麻蚜具有明显的趋嫩性，有翅孤雌蚜对黄色呈正趋性，对银灰色和白色呈负趋性。传播方式为迁飞和扩散。芝麻蚜繁殖力较强，属孤雌生殖，一头胎生雌蚜产小蚜一般为15~20头，最多可达150头以上，在夏季温湿度适宜条件下，幼蚜需2~4天成熟继续繁殖。

（4）防治方法

一是农业防治：芝麻蚜对银灰色有明显的负趋性，在芝麻苗期育苗床上覆盖地膜，可避蚜害还可防止病毒病传播。芝麻蚜对黄色有明显的正趋性，在大田周围悬挂黄色诱虫板，及时杀死迁移危害的蚜虫。芝麻中后期及时打顶抹杈，可明显的抑制蚜虫的发生量。

二是天敌的保护和利用：在芝麻生长期通过释放芝麻蚜茧蜂，可有效地将蚜虫控制在防治水平以下，可不用药或缓用药防治。

三是化学防治：喷雾的重点部位是植株上部幼嫩叶片背部。可选择的药剂有：10%吡虫啉可湿性粉剂1 500倍液、1.8%阿维菌素乳油2 000倍液、25%

阿克泰水分散粒剂 5 000 倍液，2.5% 高效氯氰菊酯乳油 2 000 倍液，或者 1% 印楝素水剂 800~1 200 倍液、20% 苦参碱可湿性粉剂 2 000 倍液、0.5% 藜芦碱醇溶液 800~1 000 倍液等。

5. 芝麻天蛾

（1）分布与为害

芝麻天蛾属鳞翅目，天蛾科。主要是灰腹天蛾，俗称芝麻鬼脸天蛾、芝麻人面天蛾，在湖北省属偶发性害虫，个别年份局部发生较重。以幼虫咬食叶部及嫩茎、嫩蒴，食量随虫龄增长而加剧，常常将芝麻吃成光秆，影响光合作用，使籽粒瘦瘪，对产量影响较大。

（2）形态特征

成虫：大型蛾类，体长 50 毫米，翅展 100~120 毫米。头部棕黑色。胸部背面有黑色条纹、斑点及黄色斑组成的骷髅状斑纹，肩板青蓝色。腹部背面中央有蓝色中背线，各腹节有黑黄相间的横纹，腹面黄色。前翅棕黑色，三角形，外缘倾斜，翅面布满黑色，间杂有微细白色和黄褐色鳞粉，基线及亚端线由数条隐约可见黑黄相间的波状纹组成，中室有一黄色小点，外横线由数条黑黄相间色调深浅不同波状纹组成，外缘沿翅脉有黄色短带。后翅杏黄色，有棕黑色横条带 2 条（图 7-23）。

左　　　　　　　　　　　　　　　右

图 7-23　芝麻天蛾成虫（左）和芝麻鬼脸天蛾成虫（右）（Tzi M L 提供）

卵：球形，淡黄色，直径 2 毫米。

左　　　　　　　右

图 7-24　芝麻天蛾褐色型（左）和黄绿色（右）型幼虫食叶
为害症状（刘红彦提供）

幼虫：老熟幼虫体长 90~110 毫米，腹部末端具尾角，长 10~15 毫米，向后上方弯曲，上有瘤状刺突和颗粒。体色多变，有绿色、黄绿色、浅橄榄绿、褐色型等，以前两种居多。绿色型：头黄绿色，外缘具黑色纵条带，身体黄绿色，前胸较小，中、后胸膨大，各节具横皱纹 1~2 条，腹部 1~7 节体侧各具 1 条从气门线到背部的靛蓝色斜线，斜线后缘黄绿色，各腹节有数条绿色皱纹，近背部有较密的褐绿色颗粒，尾角黄色，气门黑色，镶黄白色环边，胸足黑色，腹足绿色。褐色型：头部黄色，两侧具黑色纵条带，体色暗褐色略带紫色，胸部具白色细背中线，前胸除背中线外均黑色，中、后胸背中线两侧黑色，再向两侧具白色杂黑色纵条带，腹部各节均具数条环状皱纹，背面有倒"八"字形黑色条纹，腹部 1~8 节两侧各有灰色斜纹，背面具灰黄色散点，尾角灰黄色，气门黑色，隐约具白色环，胸足黑色，腹足黑褐色（图 7-24）。

蛹：体长 55~60 毫米，红褐色。后胸背面有 1 对粗糙雕刻状纹，腹部 5~7 节气门各有 1 横沟纹（图 7-25）。

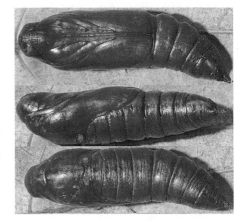

图 7-25　芝麻天蛾蛹背面、侧面观、腹面
（Tzi M L 提供）

（3）生活习性

芝麻天蛾在湖北每年发生1代，一般6月上旬成虫羽化，6月中旬、下旬产卵，7月中旬、下旬为幼虫为害盛期，8月中旬、下旬~9月上旬，幼虫老熟后入土化蛹越冬。成虫昼伏夜出，有趋光性，飞翔力不强，常隐避在寄主植物叶子背面，受惊吓时，腹部节间摩擦可发出吱吱声。卵散产于叶面或叶背。初孵幼虫集中为害芝麻的嫩叶，随着幼虫龄期的增加全株为害，以芝麻生育中后期受害最重，有转株为害的习性，幼虫老熟后入土6~10厘米筑土室化蛹。

（4）防治方法

一是农业防治：芝麻应与豆科等其他寄主植物隔离种植；加强田间管理，清除田间及地边杂草；收获后及时清洁田园，深翻耕地，可消灭部分越冬蛹。

二是人工捕捉：大发生地块，幼虫已超过3龄，可以进行人工捕捉。

三是物理防治：成虫盛发期，利用黑光灯诱杀成虫。

四是药剂防治：低龄幼虫可使用20%氯虫苯甲酰胺悬浮剂4 000倍液、10.5%甲维·氟铃脲乳油1 500倍液、150克/升茚虫威悬浮剂2 000倍液、5%啶虫隆乳油1 000倍液喷雾防治。3龄以上的幼虫可用10%溴虫腈1 000倍液、20%虫酰肼1 000~1 500倍液喷雾防治。

6.芝麻盲蝽

（1）分布与为害

芝麻盲蝽又称烟草盲蝽，属半翅目，盲蝽科。多分布于湖北、河南、安徽、山东等省，芝麻盲蝽以成虫、若虫群集为害，吸食芝麻嫩叶、嫩稍和花序的汁液。芝麻叶片受害后，首先中脉基部出现黄色斑点，逐渐扩大后造成叶及叶片皱缩畸形，严重时干枯脱落。花蕾受害后，极易变色脱落。有时也咬断茎生长点，影响芝麻正常生长。为害严重时导致被害株后期仅剩光秆和少数畸形蒴果。

（2）形态特征

成虫：体长3.5~4.8毫米，宽0.8~1.1毫米，体黄绿色，密生细毛。头部绿色，头顶前缘有黑斑，复眼黑色，触角4节，第1节大部黑色，末端灰白，第2节最长，基部黑色，中间色淡，端部灰褐色，第2、3节节间灰白色，第3、4节褐色；喙黄绿色，末节黑色。前胸背板绿色，中胸背板有4个黑色纵条斑，大部被前胸背板遮盖；小盾片绿或淡黄色，末端黑褐色；前翅狭长，革片前缘末及楔片末端黑褐色，革片后缘端部有一段黑褐色；后翅白色透明，有紫蓝色光泽。

足的腿节、胫节黄色，胫节多毛，假爪垫显著。

卵：长 0.72~0.75 毫米，香蕉形，卵盖一侧有 1 个稍向内弯的呼吸角。初产时白色透明，近孵化时为淡橘黄色，出现红色眼点。

若虫：共 5 龄，1 龄若虫体黄色或橙色，体长 0.85~1.32 毫米，宽 0.22~0.26 毫米，头大，复眼红色，触角淡褐色，足淡黄色。2~5 龄若虫虫体深绿色，翅芽随龄期而增大。5 龄若虫体长 2.6~3.5 毫米，宽 0.8~1.1 毫米，黄绿色至深绿色。翅芽伸达第 4 腹节。体色从 1 龄到 5 龄由无色透明变为白黄、黄红至深绿色。（图 7-26）

图 7-26　芝麻盲蝽若虫〔刘红彦提供〕

（3）生活习性

芝麻盲蝽在黄淮流域 1 年发生 3~4 代，南方地区 1 年发生 5 代，有世代重叠现象，以卵在杂草上越冬。4 月下旬至 5 月上旬可见初孵若虫出现于杂草上，第 1 代若虫在杂草或其他春季作物上为害，第 2~3 代从 6 月开始在芝麻上为害，8—9 月虫量增多，晚熟芝麻品种受害重。芝麻收获后转移到田间杂草和其他秋季作物上为害。10 月下旬开始越冬。成虫主要在芝麻幼嫩叶背和嫩茎活动，善飞翔，遇惊后即飞到邻近芝麻株上。可昼夜、多次交配。每雌产卵 5~13 粒。卵散产在植株中部叶背主脉或叶柄表皮下。产卵处略凹陷，有极不明显的褐点。初孵若虫活动力弱，多栖息在叶背面主脉两侧，随着虫龄增大，逐渐活泼，若虫很少在叶正面活动、取食。可捕食小型昆虫，如甜菜夜蛾裸露卵粒、1 龄和 2 龄幼虫，蚜虫低龄若蚜等。

（4）防治方法

芝麻盲蝽既是害虫，又是天敌昆虫，所以生产上要视发生数量区别对待。一般情况无须进行特殊防治，在发生盛期可人工捕杀各虫态；加强田间管理，清除田边地头杂草，消灭越冬虫源。大量发生时可选用 25% 噻虫嗪水分散粒剂 3 000 倍喷雾防治。

其他蝽类害虫还有斑须蝽和菜蝽（图 7-27）。防治方法同芝麻盲蝽。

左　　　　　　　　　　　　中　　　　　　　　　　　　右

图7-27　斑须蝽成虫（左）、斑须蝽若虫（中）和菜蝽（右）（刘克钊提供）

7. 芝麻荚野螟

（1）分布与为害

芝麻荚野螟又名芝麻荚螟、胡麻蛀螟，属鳞翅目，螟蛾科。在我国各地均有发生，是长江以南芝麻产区重要害虫。以幼虫为害芝麻叶、花和蒴果。幼虫为害初期将花、叶缠绕，取食叶肉或钻入花心在花内取食。结蒴时多蛀入蒴果中，使蒴果变黑脱落或取食蒴果中嫩粒。有时蛀入嫩茎，使之枯黄或变黑，影响芝麻正常生长发育，严重时影响芝麻产量和品质。

（2）形态特征

成虫　体长7 我国各地均有发生9毫米，翅展18毫米，体淡褐色或灰黄色。复眼黑褐色，复眼到喙基部具1白色细线。前翅淡黄色，翅脉橙红色，内、外横线黄褐色，不达翅后缘，中室内有一点及端脉点，外缘线黑褐色，缘毛长，缘毛基半部黑褐色，端半部灰褐色。后翅灰黄色，沿外缘颜色较深，中室端具不明显黑斑，缘毛长，灰白色。腹面有两条灰褐纵纹。足极细长（图7-28）。

卵：长0.4毫米左右，长圆形，初产乳白色，后渐变淡黄至粉红色。

幼虫：老熟幼虫体长16毫米，头胸部较细，腹部较粗。幼虫体色变化较大，有绿、黄绿、淡灰黄和红褐等色，越冬幼虫多为淡灰绿色。背线、亚背线较宽，深红褐色。头黑褐色，前胸背板着生2个黑褐色长斑，中、后胸背板各有4个黑斑，上生刚毛，

图7-28　芝麻荚野螟成虫（刘克钊提供）

图 7-29 芝麻荚野螟淡黄色和红褐色幼虫（刘红彦提供）

各腹节背面有 6 个黑斑，前四后二排成两排，体侧各有小黑疣 3、4 个，上生刚毛。腹足趾钩单序缺环，约 16 个，臀足趾钩单横带（图 7-29）。

蛹：长约 10 毫米，淡灰绿到暗绿褐色，喙和触角末端都与蛹体分离。

（3）生活习性

在芝麻主产区河南、湖北、安徽、江西等地一年发生 4 代，以蛹越冬。成虫从 7 月下旬至 11 月下旬均有出现，8 月上旬为成虫盛发期，寿命 9 天左右，有趋光性，飞翔力弱，白天多停息在芝麻叶背或杂草中，夜间交配产卵。卵散产于芝麻叶、茎、花、蒴果及嫩梢处，卵期 6~7 天。幼虫有迁移为害的习性，幼虫期约 15 天，幼虫老熟后在蒴果中、卷叶内或茎缝间结灰白色薄茧化蛹。蛹期约 7 天。完成一个世代需 37~38 天。有世代重叠现象（图 7-30）。

（4）防治方法

一是农业防治：及时将芝麻茎叶清理出田园，以消灭越冬蛹。适当早播，可减轻为害。

二是化学防治：幼虫发生初期，用 90% 晶体敌百虫 2 000~3 000 倍液

图 7-30 芝麻荚野螟幼虫缠绕花、叶及蛀茎为害状
（刘红彦提供）

或 2.5% 溴氰菊酯 2 000 倍液喷雾。

8. 蟋蟀

（1）分布与为害

蟋蟀俗名蛐蛐，属直翅目，蟋蟀科。它是一类食性较杂的杂食性害虫，主要危害作物的根、茎、叶及果实等。湖北省蟋蟀主要有油葫芦、黑油葫芦、棺头蟋。其中以油葫芦最多，危害也最大，约占70%。近年来，随着耕作制度的不断改变，田间小气候也发生了很大改变，这种改变对蟋蟀的生长和繁殖较为有利，致使蟋蟀的危害逐年加重（7-31）。

| 左 | 中 | 右 |

图7-31　蟋蟀为害幼苗茎部（左）、成株根颈部（中）和啃食蒴果症状（右）（刘克钊提供）

（2）形态特征

蟋蟀多数中小型，少数大型。黄褐色至黑褐色。头圆、胸宽、触角细长。咀嚼式口器。有的大颚发达，强于咬斗。各足跗节3对，前足和中足相似并同长；后足发达，善常跳跃；前足胫节上的听器，外侧大于内侧。产卵器外露，针状或矛状，由2对管瓣组成。雄、雌腹端均有尾毛1对。雄腹端有短秆状腹刺1对。雌性个体较大，针状或矛状的产卵管裸出，翅小。雄虫前翅上有发音器，由翅脉上的刮片、摩擦脉和发音镜组成。前翅举起，左右摩擦，从而震动发音镜，发出音调。体色多为黑褐色，体型多呈圆桶状，有粗壮的后腿，比身体还要长的细丝状触角。腹部末端有两根长尾丝，如果是雌虫，还有一根比尾丝还长的产卵管，

左   右

图7-32 多伊棺头蟋蟀（左）和白缘眉纹蟋蟀（黄脸油葫芦即麦田褐蟋蟀）（右）（刘红彦提供）

分辨雌雄还有一招，翅膀有明显凹凸花纹的是雄的，翅纹平直的是雌的。最特殊的是，他的听器是在前脚节上。多伊棺头蟋蟀，体长16~21毫米，通体黑褐色，整个头部形似棺材的前部；白缘眉纹蟋蟀，体色黑褐，复眼中间有黄褐色至米白色的八字眉形斑纹（图7-32）。

（3）生活习性

蟋蟀每年发生一代，以卵在土壤中越冬。卵单产，产在杂草多而向阳的田埂、坟地、草堆边缘等0~5厘米的土中。一般年份5月中旬开始孵化为若虫，若虫共6龄。若虫期25~30天。因产卵时间及产卵地的土质含盐量、植被、温湿度等条件不同，其出土时间也不相同。5~8月份均有若虫出土。6月中下旬初见成虫，7月底达成虫盛期，9月下旬至10月下旬成虫陆续在土中营穴产卵，10月下旬以后成虫开始死亡。蟋蟀多发生在土质偏粘重的农田内，一般潜伏在土坷垃缝中、枯花落叶下面及其他较阴暗的地方。具有趋光性与趋湿性，傍晚前后出来活动危害。但在其饥饿、求偶、补充营养或密度较大时，白天也常出来活动危害，其成虫好斗、常互相残杀、雄性善鸣，雌虫喜在杂草多而向阳的田埂、坟地、草堆边缘、河边及附近耕作粗放的农田内产卵，若虫行动敏捷，常数头或数十头栖于砖瓦下、草中或土坷垃下面。

（4）防治方法

一是播种前和出苗后清除田间、地头杂草，消灭害虫的卵和幼虫。田间清除的杂草不要堆放在地头；麦茬芝麻，在采用免耕栽培时，不要留高茬，田间地头不要堆积麦秸，以防蟋蟀滋生和匿藏。

二是采用毒饵诱杀。根据蟋蟀成、若虫均喜食炒香麦麸的特点，先用60~70℃的温水将90%晶体敌百虫溶解成30倍液，每亩地取2两药液，均匀地喷拌在3~5千克炒香的麦麸或饼粉上（拌时要充分加水），拌匀后于傍晚前顺垄在田间撒成药带。由于蟋蟀活动性强，防治时应注意连片统一防治，否则难以获取较持久的效果。

三是初孵幼虫盛发期用20%氰戊菊酯乳油2 000倍液、2.5%溴氰菊酯乳油2 000倍液喷雾。

四是灯光诱杀：利用成虫趋光性特点，可用黑光灯诱杀。

9. 蝗虫和露螽

左　　　　　　　　　　　右

图7-33　短额负蝗（左）和瘦露螽（右）（刘克钊提供）

其他直翅类害虫还有蝗虫和露螽（图7-33）。防治方法同蟋蟀。

三、芝麻田杂草及其防治

1. 芝麻田杂草种类与分布

芝麻田杂草种类较多，湖北各种植区的主要杂草种类因各地气候条件和栽培制度不同而异。夏芝麻区主要杂草有马唐、牛筋草、狗尾草、莎草（香附子）、狗牙根、硬草、刺苋、田旋花、藜、凹头苋、苘麻、车前草、反枝苋、马齿苋、看麦娘、稗草、千金子、刺儿菜、早熟禾、圆叶牵牛、野苋、鳢肠、空心莲子草等（图7-34）。

马　唐　　　　　　　　　　　　　牛筋草

狗尾草　　　　　　　　　　　　　　莎　草

狗牙根　　　　　　　　　　　　　　硬　草

刺　苋　　　　　　　　　　　　　　田旋花

藜　　　　　　　　　　　　　　　凹头苋

苘麻　　　　　　　　　　　　　　车前草

反枝苋　　　　　　　　　　　　　马齿苋

看麦娘

刺儿菜

千金子

稗 草

早熟禾

圆叶牵牛

鳢 肠

空心莲子草

图 7-34 部分芝麻田杂草（刘克钊提供）

2. 芝麻田杂草的危害

由于芝麻种子籽粒小，幼苗期生长缓慢，夏芝麻、秋芝麻播种季节正值高温多雨季节，杂草萌发出土快，生长迅速，很容易形成草荒。播种后若遇连阴雨，间苗除草不及时或者不能人工除草，往往因草荒而被迫翻耕后改种其他农作物。因此，芝麻田适时化学除草，可以达到省工、节本、保苗的效果。

3. 芝麻田杂草化学防除技术

（1）播后芽前土壤处理

播后芽前进行地表封闭，选择芽前土壤处理剂 50% 乙草胺乳油 120 毫升或

72% 异丙甲草胺（都尔）乳油 150 毫升兑水 40~50 千克等，田间持效期较长，对芝麻安全，一次施药可基本控制芝麻全生育期的杂草危害。

（2）苗后茎叶处理

若错过封闭处理，可在芝麻出苗后使用选择性除草剂防治。在杂草 2~3 叶期，亩用 10% 喹禾灵（精禾草克）乳油 40~75 毫升或 15% 吡氟禾草灵（精稳杀得）乳油 50 毫升，加水 40 千克喷雾；亩用 10.8% 高效盖草能 25~30 毫升，兑水 30 升，均匀喷雾。（从无公害生产角度，不提倡苗后用药）

四、芝麻渍害旱害发生危害规律及其防治

在湖北、河南、安徽等江淮芝麻主产区，渍害是芝麻产量大幅度减少和品质下降的主要逆境因素。

1. 渍害发生与危害情况

根据调查，2010 年渍害发生面积 109.2 万亩，占调查总面积的 43.3%。2010 年渍害造成减产范围在 5.1~90.0 千克 / 亩，多数地区减产 10~30 千克 / 亩，单产减少百分率在 2.3% ~90.0%，平均 24.3%，多数减产 10% ~30%。

2. 渍害发生时期及频率

调查数据显示，在发生芝麻渍害的各县市区中，各生育时期发生渍害的频率为苗期 28.6%、初花期 48.5%、盛花期 46.1%、终花期 30.7%、灌浆期 50.6% 和成熟期 22.9%。依次为灌浆期 > 初花期 > 盛花期 > 终花期 > 苗期 > 成熟期。芝麻在初花至灌浆的各时期渍害发生频次均超过 30%。

3. 渍害发生与降水量的关系

渍害的发生与气候变化密切相关，降雨量的大小与芝麻渍害发生及危害程度呈显著正相关。

4. 旱害发生情况

调查发现，芝麻旱害在湖北省大部分地区偶有年份或不同生育阶段发生，近几年有加重趋势，对芝麻生长发育和产量影响较大。发生旱害的地区，其降水量表现为总量不足、分布不均、缺水月份相连等特点，但在发生的时期方面没有明显的规律。

5. 渍害对芝麻生长发育的影响

苗期渍害：幼苗生长缓慢，短时间渍害导致萎蔫心叶变黄，长时间渍害

导致整株矮小，叶片褪绿，侧根腐烂，主根韧皮部变黄腐烂，主根根尖腐烂（图7-35）；初花期和盛花期渍害：植株萎蔫，花蕾脱落，生长缓慢，重者永久萎蔫，或诱发茎点枯病大发生，植株死亡；初花期根系比较嫩，叶面积大，对渍害更加敏感（图7-36）；渍涝害造成根系和茎基部表皮、韧皮部腐烂脱落（图7-37）；终花期和灌浆期渍害：对根系活力抑制作用，严重时根系腐烂，植株死亡；导致叶部病害，叶片早衰、脱落，籽粒黄瘪（图7-38）。

图 7-35　苗期渍害症状（张秀荣提供）

图 7-36　初花期和盛花期渍害症状（张秀荣提供）

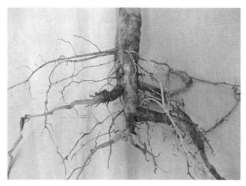 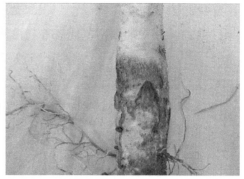

图 7-37　根系和茎基部表皮、韧皮部渍害症状（张秀荣提供）

渍害　　　　　　　　　　　　　　　　　　　正常

图 7-38　根系和茎基部渍害症状（张秀荣提供）

6.渍害防控措施

选用耐渍耐湿、抗病性较强品种；选择较高地块；排水通畅；深沟窄厢技术（图 7-39）；雨后及时清沟排渍；叶面喷施耐渍诱抗剂：芸薹素内酯+6-BA+N+Zn+多菌灵，渍害前喷施比渍害后喷施效果好。

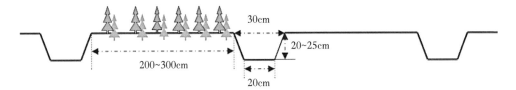

图 7-39　深沟窄厢示意图（适用于长江流域及以南地区。张秀荣提供）

7. 旱害防控措施

选用抗旱、抗病性较强品种；浇水灌溉进行抗旱。

第八章

芝麻储藏与精深加工技术

一、芝麻精深加工

在我国，自产芝麻主要以加工芝麻油为主，可据史料记载，芝麻除了加工芝麻油以外，还可以加工 100 多种芝麻产品。

1. 加工优质芝麻油

芝麻虽小，可含油量却很高，100 千克芝麻籽可生产芝麻油 40~50 千克。芝麻油油质好，香味浓，营养丰富，素有"油中之王"的美誉。芝麻油中的脂肪酸组成以不饱和脂肪酸为主，油酸和亚油酸占 80% 以上。特别是亚油酸，是人体不能合成又必需的脂肪酸，具有很高的营养价值。

（1）芝麻油不同工艺的提取及优缺点

芝麻油的加工主要有 4 种工艺：水代法、压榨法、浸出法和酶法。

水代法又称小磨法，生产的香油具有特殊的香气，是我国普遍使用的方法。其工艺流程如下：芝麻→清理、漂洗→炒籽、扬烟→磨浆→对浆搅油→震荡分油、撇油→毛油处理→成品油。优点：制取的油脂具有独特而浓郁的香味；投资少，操作灵活。缺点：出油率低；制油后的麻渣水分含量高，蛋白质品质差难分离利用；劳动强度大，需要长时间静置，多为间歇式生产。

国外对芝麻油的气味要求不高，多用压榨法和浸出法。其工艺流程：芝麻→清理漂洗→炒籽扬烟→压榨（浸出或机械）↓→过滤→成品油。

芝麻饼

由于芝麻含油量高，不适合直接用溶剂浸出法，所以工业生产中用油压机预榨后，再用浸出法制取芝麻油。优点：出油率高；工艺简单，劳动强度低，环境卫生好，易于工业化。缺点：油脂的香味不够浓郁；蜡质等杂质含量高，颜色发暗、发油；投资大；蛋白质的功能性质受影响。

酶法是新兴方法，在提取油脂的同时还可充分利用芝麻蛋白。其工艺流程：芝麻→清理漂洗→磨碎→水提取→清理漂洗→离心→含油芝麻分离蛋白→酶解→破乳→↓芝麻油。

蛋白质

酶法的操作条件温和，保证了蛋白质的产量和质量。优点：制油的同时可以提取芝麻蛋白质；其他营养成分损失也少；操作条件温和，设备简单；投资少，成本低。缺点：出油率低，风味不如小磨香油浓郁。

（2）芝麻油的整籽冷榨、整籽热榨工艺

冷榨芝麻油较热榨芝麻油中的芝麻素含量明显升高，芝麻酚含量明显降低，生育酚含量变化不大，冷榨芝麻油较热榨芝麻油的氧化诱导时间缩短 9h 左右，其氧化稳定性不如热榨芝麻油。此外，脱皮冷榨芝麻油较不脱皮冷榨芝麻油的生育酚含量降低，芝麻素和芝麻酚含量有所升高，其氧化诱导时间稍有延长。

采用液压榨油机进行芝麻冷榨对芝麻蛋白的氨基酸破坏作用很小，又能得到较理想的芝麻饼，其食用价值和营养价值显著提高。由于冷榨芝麻油和芝麻饼较热榨芝麻油和芝麻饼具有更优良的品质和更好的生产经济效益，因此，芝麻冷榨工艺的研究及冷榨芝麻产品的开发也开始受到关注。目前，芝麻冷榨工艺技术在国内一些芝麻加工企业的工业生产中得到广泛应用，冷榨芝麻产品也得到深度开发，芝麻冷榨工艺在中国芝麻油加工业将有更好的推广应用前景。

2. 加工成各类食品

芝麻种子和芝麻油广泛用于食品工业，可制作各式糖果、糕点、罐头等食品，还可以制作旅游快餐食品、高级饮料、营养保健品等。

糕点：芝麻类糕点有麻烘糕、仁寿芝麻糕、常州大麻糕、桃麻猪油糕等；芝麻饼类有：小芝麻饼、椒盐麻饼、双麻酥饼、牛肉麻饼、十八街麻饼、黄桥烧饼等；芝麻酥类有：黑芝麻酥、玉环酥等。

糖果：麻糖，如孝感麻糖；酥糖，如滨州芝麻酥糖；麻片，如卢氏麻片、芮城麻片等。

芝麻酱：具有浓郁的炒芝麻香味，是重要的调味品，可佐餐，拌凉菜，也可作为火锅的调味酱汁使用。

快餐食品：黑芝麻糊、芝麻豆腐、芝麻香肠等，均为食用方便的快餐食品。

高级饮料：湖南民间的擂茶，就是以黑芝麻为原料制成的专门招待上等宾客的高级饮料。日本健康饮料——无臭蒜素也是以芝麻为原料与其他食物配置而成的，饮用此饮料可使人全身充满活力，精力旺盛，增进身体健康。

3. 加工成烤香芝麻、芝麻粉

它们具有较浓的香味，是人们喜食的食物。

4. 加工工业产品

芝麻油用于轻、重工业，可制造肥皂、发油、药膏、医疗用品、油墨、复写纸、磁漆原料油及机械的润滑油和保护油。从芝麻植株蜜腺、叶及花中提取的香料，是制造香水和花露水的芳香物。植株焚烧后所提取的植物碱可用于酿造工业。

5. 提取蛋白

制油后的麻饼、麻渣中蛋白质含量高，可提取蛋白质。

6. 作饲料

芝麻饼是家畜家禽的精饲料。芝麻饼含油 14.6%，蛋白质 36.14%，碳水化合物 23.5%，是家畜家禽的良好饲料。芝麻茎、叶中含有多种氨基酸，可以代替苜蓿作家畜饲料。

此外，利用芝麻可以加工成蛋白粉，提取芝麻素，从油脚中可提取中性油和磷脂，饼粕还可制酱油，芝麻叶可制袋装食品和罐头。从黑芝麻中提取的黑色素可广泛用于黑色食品的着色和功能食品、保健食品的开发上。

二、芝麻的储藏

1. 芝麻的储藏特性

芝麻主产于河南、湖北、安徽、江西等省，芝麻皮薄肉嫩，吸湿性强，含油量高（一般含油量在 50% 左右），容易受高温影响而变质。它的籽粒小，杂质多（细小尘土约占总杂质含量的 80%），孔隙度小，入库后料堆往往不松散，甚至发热、生霉、酸败、浸油和哈变。因此储藏的芝麻必须保持干燥、低温、纯净、饱满，切实做到不发热、不霉变、不生虫，以保持它的品质和新鲜度。

2. 芝麻的储藏方法

（1）适时收获、脱粒

芝麻成熟后应在蒴果尚未开裂前适时收获。收获后应将芝麻扎成小捆，3~5

捆丛成一丛，各捆之间应留有孔隙，以利于通风，当植株下部及中部的蒴果开裂，上部的蒴果变成褐色时，应立即脱粒。

（2）进行合理堆装

芝麻脱粒后，应妥善堆装存储，堆积不宜过高，以免出现发热、浸油、酸败、变质现象。通常水分在安全标准以内、杂质未超过国家规定限度的芝麻，散装存储堆积高度以 1.5~2 米为宜，包装存储堆积高度不宜超过 10 包；半安全水分、杂质未超过国家规定限度的芝麻，散装存储堆积高度以不超过 1 米为宜，包装存储堆积高度不宜超过 6 包，而且应堆成通风垛；不安全水分和杂质超过国家规定限度的芝麻，必须进行整理，使水分、杂质符合规定要求才可入仓存储。

（3）严格控制水分和杂质

芝麻含油量高，对它的水分应当严格要求。通常芝麻的安全储藏水分为 7%~8%，半安全水分为 8%~9%，超过 9% 则为不安全水分。散装芝麻水分在 7% 以下、杂质在 1% 以下，利于冬季低温入库，可以安全度夏；水分在 8% 以上，杂质超过 1% 的，只能做短期存储，必须经过降水、除杂后才能安全储藏。芝麻黄瘪粒抗虫霉的侵害能力弱，又容易吸收水分，因此要控制秕粒含量不超过 3%，并尽可能减少破碎脱皮粒的含量，以提高芝麻的耐储力。入库前必须认真进行检验，坚持质量标准，确保入库芝麻达到干燥、饱满、纯净的要求。

（4）低温密闭储藏

芝麻在储藏期间必须保持低温干燥，通常为了防止大气温度的影响，以采取散装密闭储藏为宜。据实验，水分在 7% 以下，经过高温季节，垛堆温度在 29~33℃，无能含油量与出油率，一般都比通风储藏的芝麻高。密闭储藏虽然比通风储藏有利，但对芝麻发芽率有影响，适用于工业用芝麻。但是种用芝麻不宜密闭储藏，应在干燥的仓房中分屯存储，也可采用包装储藏。堆积高度散装不宜超过 1 米，包装不宜超过 6 包，并应堆成通风垛。

（5）储藏防腐蚀

芝麻储藏期间不宜与农药、化肥同储，因为许多农药和化肥都具有挥发性和腐蚀性，一旦进入种胚，会影响种子的发芽率，使其失去原有的利用价值。

（6）储藏防虫害

芝麻储藏期间容易发生印度谷蛾、粉斑螟等蛾类及书虱和螨类等害虫的为害。农村少量的芝麻在 3 月以前，可以晾晒一次后利用缸、坛、箱、柜低温密闭储藏，也可用草木灰压盖保管。这样不仅起到防虫效果，而且对保持芝麻的含油量、出油率和优质品质都有良好的效果。

（7）定期检查

芝麻在储藏期间，必须定期对含水量、温度、湿度、虫鼠害等进行检查，发现问题及时采取措施，以利于安全储藏。